杯中的故园

茶与中国人的风味生活

张玉瑶 曾子芊 著

陕西新华出版

陕西人民出版社

图书在版编目（CIP）数据

杯中的故园：茶与中国人的风味生活/张玉瑶，曾子芊著． -- 西安：陕西人民出版社，2025． -- ISBN 978-7-224-15791-8

Ⅰ．TS971.21

中国国家版本馆 CIP 数据核字第 2025G5B747 号

出 品 人：赵小峰
总 策 划：关　宁
出版统筹：彭　莘
策划编辑：姜一慧　黄　莺
责任编辑：晏　藜　刘润天
封面设计：哲　峰
版式设计：蒲梦雅
内文插图：谢瑞欣
内文书法：杨群立

杯中的故园：茶与中国人的风味生活
BEI ZHONG DE GUYUAN: CHA YU ZHONGGUOREN DE FENGWEI SHENGHUO

作　　者	张玉瑶　曾子芊
出版发行	陕西人民出版社
	（西安市北大街 147 号　邮编：710003）
印　　刷	陕西隆昌印刷有限公司
开　　本	787 毫米 × 1092 毫米　1/32
印　　张	6.25
字　　数	95 千字
版　　次	2025 年 5 月第 1 版
印　　次	2025 年 5 月第 1 次印刷
书　　号	ISBN 978-7-224-15791-8
定　　价	45.00 元

如有印装质量问题，请与本社联系调换。电话：029-87205094

序言

我曾在《北京晚报》"五色土"副刊上,先后发表过数十篇茶文化专栏文章。实话实说,编辑茶学领域的文章并不是一件简单的事情,这里面不仅涉及传统文化的问题,有时还要牵扯到茶叶生产加工环节的专业知识。我很幸运,遇到了既爱茶更懂茶的责任编辑曾子芊女士。她不仅为拙文细心排版校对,还曾多次就其中涉及的茶学专业问题与我进行商讨,也让我颇受启发。2025年初,她送来与张玉瑶女士合写的《杯中的故园:茶与中国人的风味生活》书稿,并嘱咐我写一篇序言。我读过书稿后发现,此书算不上大部头,但却写明白了一个大问题,那就是中国茶到底美在哪里。

诸位读者要知道,咱们中国茶刚刚问世的时候一点儿也不美。民间传说，中国茶的历史最早可以追溯到神农氏的时代，所以不少地方，也奉神农氏为茶祖。当然，传说毕竟是传说，咱们不能全信。据《华阳国志》记载，巴、蜀两个诸侯国，曾将茶作为贡品进献给周王室。由此算起来，中国茶种植、利用以及品饮的历史也要超过三千年了。可是自西周至隋唐之前，存世的茶诗数量却仅有四首，分别是西晋左思《娇女诗》、西晋张孟阳《登成都楼》、西晋孙楚《出歌》以及南朝王微《杂诗》。谁能写诗呢？自然是知识阶层。没有人写茶诗，说明茶事并未受到知识阶层的喜爱与重视。那时的茶，还只是西南地区的土特产而已，根本谈不上什么美感。

茶，怎么就美了呢？那要等到陆羽《茶经》的问世。《茶经》是世界上第一部茶学专著，系统总结了与茶相关的历史、工艺、产地与掌故趣闻。此书的问世，使得茶引起了中国知识阶层的广泛关注与兴趣。何以为证？还是茶诗为证。据笔者统计，唐代写过涉茶之诗的文人，足足有一百四十五位之多。李白、杜甫、孟浩然、王昌龄、刘禹锡、柳宗元、杜牧……这些耳熟能详的大诗人都有精彩的茶诗流传于世。在唐代文人之中，写作茶诗最多的要数白居易。他一生竟写作涉茶之诗六十四首,内容涵盖了唐代茶文化的方方面面。宋代情况更甚,茶诗有数千首之多。北宋文学家苏轼,一生写作涉茶之诗七十八首,已超过白居易创作的茶诗数量。但南宋大诗人陆游,写作的茶诗却又比苏轼还多得多。他在《剑南诗稿》中涉及茶的作品竟然达到了二百多首。如果把陆游的茶诗集结在一起,那简直就是一部宋代《茶经》了。至于明清茶诗,就更不胜枚举了。如今流传于世的数千首茶诗,让中国茶与文化紧密结合。知识阶层的深度参与,使得中国茶越来越美。

《杯中的故园:茶与中国人的风味生活》细数了多款中国名茶,但作者的书写却并未局限在生产加工环节,而是极其注意挖掘名茶背后的文化与内涵。例如谈龙井茶时,提及了清乾隆《坐龙井上烹茶偶成》;又如谈日铸茶时,引用了南宋陆游《安国院试茶》;再如谈安化千两时,分析了清代陶澍的五言长诗。当然,作者几乎谈及每款名茶时,都会涉及相关的茶诗茶文,这里就不一一举例了。这些诗篇不仅流传于文坛,还随着时间的流逝,慢慢渗透进了茶汤的滋味之中。我们常说,喝茶让人身心愉悦。身的愉悦,由物质决定:咖啡因提神,氨基酸爽口,茶多糖润喉……那么心的愉悦呢？自然要由文化决定。此书的作者是真正的懂茶之人，笔锋所至，正是中国名茶最有美感的地方，也是本书有别于其他茶书之处。

其实书中精彩的内容还有很多，可我这里再讲下去，就有剧透的嫌疑了，请诸位爱茶人自行阅读吧。相信您通过此书，一定可以更好地体会到一杯茶汤的无穷韵味。

杨多杰

2025 年 3 月

目录

001 西湖龙井：泯泯丛薄间，笑我依然文字禅

春日迟迟，捧一杯当季新摘的西湖龙井茶坐在湖边，看眼前水光潋滟，山色空蒙，湖中波漾，杯中茶漾，远近皆是新碧色，仿若一个草芽初萌的清新春日融化为液态，分一杯与世人。

012 日铸雪芽：我是江南桑苎家，汲泉闲品故园茶

山寺有泉甘美，宜于种茶，尤其是山顶，这里被称为油车岭，"茶尤奇，所收绝少"，芽长寸有余，麝气越人。

025 徽州茶事：风骨隐于明柔中

从茶以乡命名，到乡以茶闻名，一方嘉木与一方厚土，深结连理，互为馈赠，着实是茶这种植物的迷人之处。

041　君山银针：君山不大，茶名不浅

最有趣的要看冲泡时，简直像观赏一出水与茶之舞，吸饱了水的茶叶，芽朝上柄朝下地在水中竖立起来，各自或速或缓地沉降至杯底，依然屹立不倒，可不一会儿，纷纷又以同样的笔直姿势向水面上浮去。

049　洞庭碧螺春：太湖碧色，先于早春

名茶如一切名物，美名永远不单来自自身，更来自历史的沉积与馈赠。碧螺春很好地证明，这种馈赠是多么坚固而长久。

059　苏州虎丘茶逸事

虎丘山不大，正宗的虎丘茶由虎丘寺僧人所植。物以稀为贵，虎丘茶的难得愈发增益着它的佳美，使它成为传说，对大多数人来说，是可望而不可即之物。

065　阳羡与顾渚：溪山好，紫笋出

每年第一批茶，要赶在清明节前快马急程送到长安供享用。

077　岕茶：交夏时节，足称仙品

源于本身的特质，或也源于对往昔贡茶荣耀的一种坚守，保留了古法，给明人的口舌增添了一丝来自遥远大唐的滋味。

089　茉莉花茶：花香入茶，深藏身与名

这是一个奇妙的过程，花随着绽开不间断地呼吐香气，茶不间断地吸纳香气，直到花的香气泄尽，自身凋萎，茶吸尽花的精华，酿出新的气味。

100　正山小种：红如玛瑙，客必起立致敬

绿茶的甘美需要细细回味，红茶则不同，它色彩热烈，晶莹剔透，芬芳馥郁。

112　闽茶之骨：气味芳烈，较嚼梅花更为清绝

拟人化后的武夷岩茶形象也是这样一位"君子"：面目森严，内在却温柔、端方、善良。

134　粤的茶：得闲饮茶，广府风情

广东人是爱好喝茶的，每日早茶、午茶、夜茶三市，热闹非凡。鲁迅短暂地客居广州时，曾是陶陶居、北园等多家茶楼的座上客。

151　白茶之味：草木气息，古老的时间味道

简淡却不简单的金黄茶汤中，白茶蕴含的是古老的时间味道：没有人工的烟火气，保留草木本身的气息，自然天成，回归本真，令人回味无穷。

162　黑色的茶：谁知刚猛劲直姿

它像拥有一双黑皱却温暖大手的祖辈，永远摩挲着、熨帖着你，用它刚柔并济的筋骨与独有的智慧，化解饮茶人腹内与心中的郁结。

176　茗香氤氲盏壶间：话说唐宗茶器

茶具最晚于汉代已出现，但很长一段时间里，它都与食器、酒器混在一起，并没有真正独立出来。开始将茶具系统化、引领茶具变革的，还是"茶圣"陆羽。

西湖龙井：泯泯丛薄间，笑我依然文字禅

杭州，钟灵毓秀之地，西湖更是当中一汪神秀之眼。春日迟迟，捧一杯当季新摘的西湖龙井茶坐在湖边，看眼前水光潋滟，山色空蒙，湖中波漾，杯中茶漾，远近皆是新碧色，仿若一个草芽初萌的清新春日融化为液态，分一杯与世人。

龙井是杭州的名片，产自杭州，却并非所有杭州产的茶都是龙井。正宗的西湖龙井产自龙井村及其周边一带，位于西湖西南约十里外。龙井，顾名思义，最初的确是以此地一泓泉水得名的。传说葛洪在此得道，故旧名"龙

泓",后来方以茶扬名。明代文人屠隆评说龙井,"大抵天开龙泓美泉,山灵特生佳茗以副之耳",这话说得灵,名山生灵草,龙井佳茗"副"龙泓美泉,完美自应有完美来般配,不枉天造地设,中国人的哲学和美意正是如此。如今龙井村一带已被辟为"茶文化景区",林立着大大小小的茶庄,但从风篁岭、二老亭、一片云、龙泓涧等地名,依然可想见旧时文人在此烹茶笑谈的风致。周边群峦之中,生长着龙井茶树,每年阳春时节,此地采茶乃一大盛事,人们翘首等待着第一簇明前茶、雨前茶,宛如等待一份年年约定的礼物。

不像一般茶叶多蜷曲,西湖龙井呈豆绿色扁平状,光滑挺秀,沃入水中,不一会儿便舒展开来,上下沉浮,叶色碧绿,汤色澄绿,如它的名字一样清新明澈。香气也是清新的,并不浓郁,过口却齿颊留香,滋味隽永,如饮春醴。陆廷灿《续茶经》里引《湖壖杂记》云,"(雨前龙井)啜之淡然,似乎无味,饮过后觉有一种太和之气,弥沦于齿颊之间,此无味之味,乃至味也",太和之气,是个中医概念,大意是说精气神三者统于一身,"无味之味乃至味",听起来很有哲学高度了。文学化一点儿的表述

西湖龍井
泿泿羨薄間寒碧異常
春日遲遲捧一杯當季新摘的西湖龍井
茶坐在湖邊看眼前水光刹豔山色空
濛湖中波漾楢中茶漾迤迤皆是新
碧色仿若一個草芽物萌的清新春
日融匈為液態分盂與世之

也有，清末人程淯长期寓居杭州，在西湖边建一别墅"秋心楼"，有《龙井访茶记》一文，在其中对龙井的清新气味有相当具象的形容：浙江、安徽的茶"秉荷气"，尤以龙井为最，可以瀹茶五次，一瀹过后，荷花的花、叶、茎气俱足；二瀹过后，叶气便散尽，花气衰微，茎气和莲心之味则浓了上来；三瀹则是莲心和莲肉之味，其后就只剩下莲肉之味了。思之真是气韵流淌，有种与自然相谐的曼妙。

龙井形状扁平，与其制法有关。程淯1911年清明在龙井访茶时，也详细观察描写了当时的工艺：炒茶时，用寻常铁锅，柴火最好用松毛或山茅草，火力不宜过猛或过弱，否则茶色都会变异。炒茶的人用手在锅中慢慢搅拌，且须一边拌一边按压，到锅口处即翻转手掌将茶承托起来，然后扬掌抖落茶叶，让茶叶从五指间纷然下锅，再重复按压。如此重复多遍，每四两鲜茶，只出一两茶叶。将茶叶"按"成扁平状，有学者认为，是借鉴了晚明皖南、浙江一带大方茶的炒制技术。不过在民间，倒有个更通俗的传说，说是乾隆皇帝巡游杭州时，因爱龙井茶味清香，遂亲自采摘茶叶，因匆忙回京，便把采得的茶叶夹入书页中（一说放入衣袋中），回宫后发现茶芽被压扁，但香气愈加馥郁，深得太后赞赏，于是封龙井为御茶，每年都要进贡。

虽然这则传闻生造的痕迹颇为明显，但也不是全然无所依凭。乾隆的确是龙井的常客，六下江南巡游，次次到杭州，其中四次都莅临龙井。每次来，都为"龙井八景"各赋一诗，加起来共有三十二首之多，真不愧是传说中最诗兴大发的皇帝。他不仅亲自观摩采茶盛景，还将狮峰山下胡公庙前十八棵茶树封为"御茶树"。也有人说，这就是他亲自摘茶的那几棵树——虽难究真假，但这十八棵茶树的确声名远扬，被视为"龙井之冢嫡"，不仅被保护起来，每年所产新茶亦价格高昂。

比起逸闻，倒是乾隆留下的几首茶诗更落得真。这些诗被收入吏部主事兼藏书家汪孟鋗编的《龙井见闻录》（这也是一部有趣的书，虽是为"御览"，但汪孟鋗充分展现了藏书家本领，详细搜罗了龙井一地的风土物产人文，如同一部区域性小型百科全书）。乾隆在诗中表露身为皇帝体察民生多艰之时，也从种种侧面描绘了当时龙井茶事之细节，比如有一首叫作《观采茶作歌》，里面写到了制茶的场景:"村男接踵下层椒,倾筐雀舌还鹰爪。地炉文火续续添,乾釜柔风旋旋炒。慢炒细焙有次第,辛苦工夫殊不少。"雀舌、鹰爪,说的都是茶之形;炒、焙,则是工序,龙井也属于炒青绿茶的代表。还有一首茶诗中提到"嫩荚新芽细拨挑,趁忙谷雨临明朝。雨前价贵雨后贱,民艰触目陈鸣镳",讲的是龙井茶的采摘时间,谷雨前后价值相差甚巨,因此茶农赶着趁谷雨前摘茶。

还有一首《坐龙井上烹茶偶成》,倒是纯粹表现品茶之乐的:

> 龙井新茶龙井泉,一家风味称烹煎。
> 寸芽生自烂石上,时节焙成谷雨前。
> 何必凤团夸御茗,聊因雀舌润心莲。
> 呼之欲出辩才在,笑我依然文字禅。

乾隆的这杯龙井新茶,看来滋味相当不错:首先是用龙井泉水烹的,按明代钱塘人田汝成《西湖游览志》叙,该泉"寒碧异常,泯泯丛薄间,幽僻清奥,杳出尘寰,岫壑萦回",与龙井茶相得益彰,真正的"在地"风味;其次是正宗雨前茶，正是香味最醇厚、营养最丰富之时。为了突出龙井，乾隆还采用了惯用的扬此抑彼手法，被抑的"凤团"，乃宋代誉满天下的皇家贡茶。最有趣的是末句，"呼之欲出辩才在"，辩才指的是北宋高僧元净法师，宋神宗赐法号辩才。为何乾隆此刻会想起辩才呢？不是偶然——辩才曾在龙井住持多年，相传龙井茶就是他率先栽培的。

辩才法师是个奇人，出生时左肩上有肉隆起，状似袈裟，一直等到八十一天后才消失。家人认为这是沙门之相，遂送他入寺为僧，后来他果然活了八十一岁。他原先在上天竺寺当住持，晚年因寺中事务繁忙力感不逮，遂退隐稍南数里狮峰山麓的龙井寿圣院。这座寺院始建于吴越国钱俶时，已年久失修，破败不堪，却胜在幽静，四面风光宜人。辩才稍事修葺，使之成为一处山中佳胜。

来龙井造访这位高僧的人中，必少不了曾在杭城任职的苏轼、赵抃、秦观、米芾等人。他们十分敬重辩才，又因志趣相投，彼此成为至交、诗友，留下许多记述唱和之作。一桩有名的趣事，便是有回苏轼来访，辩才送他回去时，谈兴正盛，浑然不觉破了自己"送人不过虎溪"的戒律,旁人不禁惊呼,辩才却款款道:"杜子美不是说过吗,'与子成二老,来往亦风流'。"因造"二老亭"(又名过溪亭)于溪上,新亭落成时,辩才作诗一首,苏轼亦次韵和诗一首。还有一件堪称超异,却的的确确是被苏轼及弟弟苏辙亲笔记录下来之事:苏轼次子苏迨,出生时脑袋很长,仿若长了犀角,四岁时还不会走路,必须得抱着。辩才为苏迨按摩头顶后,孩子竟很快就能像小鹿一样跑了。

"中有老法师,瘦长如鹳鹄""惟此鹤骨老,凛然不知秋",这是苏轼在诗中对辩才的描绘,从其人其事其貌,我们约可想见其仙风道骨之姿。他在寿圣院附近的狮峰山麓辟山种茶,被视为龙井茶的开山之祖。高僧与茶的渊源,为龙井茶添了一缕高逸出尘之气,众多文人在龙井胜处的交游题咏,又令其化入了隽永厚重的文化意味。如今,龙井村还专门立有辩才和苏东坡的塑像。

其实在龙井茶之前,杭州一带早已有茶种植。唐代陆羽《茶经》中就写道,"钱塘(茶)生天竺、灵隐二寺",只不过他对那时的杭茶品评不高。到了宋朝,杭州终于出了几种有名的茶,分别是出自葛岭宝云山的宝云茶、下天竺香林洞的香林茶、上天竺寺后白云峰的白云茶,皆纳入贡，也多见于时人吟咏。辩才在上天竺寺住持多年，或许是受到启发，在龙井寺旁种茶也未可知。尽管如此，龙井所产茶在当时声名着实不显。曾执政杭州的著名清官赵抃访辩才时，两人在龙泓亭上品茶和诗，赵抃有"珍重老师迎意厚，龙泓亭上点龙茶"之句，虽身在龙井，此饮"龙茶"却并非龙井茶，而是龙团茶。龙团和上面乾隆提到的凤团合称"龙凤团茶"，茶饼上分别印龙凤图样，出产于福建建安县（今建瓯市境内）的北苑贡焙都是宋朝相当珍贵的皇家贡茶，因而赵抃会十分"珍重"辩才用名茶招待自己。而到乾隆时，面对本山龙井茶，人们却"不屑"起凤团来。诗句相映成趣，饮茶人的心态已大不同，从中亦可见龙井茶的身份变迁。

龙井茶从无名到有名，是从元朝开始的。"元诗四大家"之一的虞集晚年寓居杭州，同好友游龙井时，有幸品到此地新茶，欣然作诗曰："但见瓢中清，翠影落群岫。烹煎黄金芽，不取谷雨后。同来二三子，三咽不忍嗽。"（《次邓文原游龙井》）可见所饮乃雨前茶，茶汤色清碧，以至映出山色。茶味呢？——虞集并没有正面描写，却侧面写了人们反复啜饮茶汤、细细品味，甚至舍不得去漱口

(诗中"嗽"通"漱"),不忍让口中的茶香被冲淡。可见是鲜爽异常了。

不过,一直要到明朝初年,"龙井茶"才作为专门的品种名称正式出现。真可谓是"后来居上",比起其他杭城名茶,龙井茶彰名历史不久,在明清人的品评中,却一跃拔得头筹,当时就有史料记载说,"杭郡诸茶,总不及龙井之产,而雨前细芽,取其一旗一枪,尤为珍品,所产不多,宜其矜贵也"。"一旗一枪",说的是谷雨前的茶芽形态,芽尖如枪,芽叶如旗,此时龙井初初展开一芽一叶,尤是珍品。田汝成《西湖游览志》则引郡志道,宝云、香林、白云诸茶,不若龙井"清馥隽永"。到了清朝,龙井正式成为贡茶,魏峴在其所编《钱塘县志》中,更是直言龙井"在宝云、香林、白云诸品之上"。

龙井茶力压杭茶群芳,日益受欢迎,其一个现象是,当时市面上冒充正宗本山龙井茶的赝品多了起来,甚至在龙井本地都有买到赝品的可能。甚至,就算是到了龙井寺,由龙井僧人烹煎,也未必是真正产于龙井的茶。许多"茶饕"心中都有一本独家的辨伪秘籍,比如明人冯梦祯在其《快雪堂漫录》中就写到他的朋友徐茂吴去龙井买茶，逛了十多家只买到一二两，因为在他看来，真品应当"甘香而不冽"，稍微"冽"了一丝就是赝品，要求不可谓不严格。到民国时，为防止假冒，龙井茶依据具体产地不同，分"狮（狮峰山）""龙（龙井）""云（云栖）""虎（虎跑）""梅（梅家坞）"五个品类，直到如今。

距辩才法师种茶一千多年，如今西湖龙井已成为杭州的一张文化名片。尤其是每年清明节前采摘的明前龙井，因是蓄了一冬、头次采摘的新鲜嫩芽，品质极高而产量极低，比雨前茶更稀有一筹，是非常名贵的礼品。而在平常生活里，龙井茶也是不可少的生活养料。从前讲究的杭州人家，还会专门去虎跑泉取来水瀹茶，虎跑泉与龙井茶并称西湖双绝，能品饮这样一杯用虎跑新泉泡的龙井新茶，想想，也真是无上惬意，仿佛一口饮下一个明媚的江南春天。

日铸雪芽：我是江南桑苎家，汲泉闲品故园茶

浙江绍兴，城不大，却处处沉淀着历史与文学的细节：会稽兰亭里，有王羲之与同好们的流觞赋诗、畅叙幽情；沈园壁下，有陆游与唐琬重逢时的两处沉吟、别有幽愁；越王台上，有勾践的卧薪尝胆，也有西子的风华绝代；三味书屋百草园里，生长着儿时鲁迅的蟋蟀、覆盆子和木莲，令他中年时依然念兹在兹……人杰地灵，当之无愧。

曾被宋高宗赵构亲擢为状元的南宋名臣王十朋有一篇戏仿司马相如《上林赋》的《会稽风俗赋》，称颂的便是这越州（今浙江省绍兴市）的风土景致，其山则"郁郁苍

苍，岩岩嵬嵬"，其水则"浩渺泓澄，散漫濛迁"，其物则"山涵海蓄，忘其有几"，其人则"历代柬牍，大书特书，班班在目"，极尽溢美。赋中罗列的丰饶物产中，有"日铸雪芽，卧龙瑞草"，此二者，乃绍兴出产的历史名茶。

绍兴历史上便是茶乡。唐陆羽《茶经》曾将他所访得之茶品第，评定"浙东，以越州上"，这话虽主要指的是唐时的名茶剡溪茶（产于今绍兴嵊州），但也道出此地植茶悠久，风土相宜。至宋，便是王十朋赋里说的"日铸雪芽"和"卧龙瑞草"了，前者产于绍兴城东南五十公里的平水镇日铸岭，后者产于古城内的卧龙山（又称府山），皆名噪一时。尤其是日铸茶，声名尤盛，为当时文人所钟情，不吝赞美，晏殊、苏辙、曾几、梅尧臣、杨万里等都留下诗赞。一直到清代，日铸茶依然属于可查的江南名产。漫长的时间里，它曾几度沉浮，甚至一度失传，但漫游典籍，颇可想见其旧日风华。

日铸茶，也有作"日注茶"，得名自日铸岭，据传是越王勾践之父允常聘欧冶子铸剑之地。欧冶子是春秋末年越国铸剑名匠，与吴国名匠干将同师，又另有一说，说欧

日鑄雪芽

青褐色儼屈形似蒼
鷹爪嶙峋崢嶸擺泡
飲之其味則鮮醇香
氣持久張岱謂此茶
茶味棱棱有金石之
氣

冶子是干将岳父，即干将妻子莫邪之父。北宋杨延龄《杨公笔录》中略略解释了一下，说世传越王铸剑，他处皆不成功，到了这里竟一日铸成，故称日铸；至于有人说的"日注"，意思大约是日光所注处。总之评价说，"会稽日铸山茶品冠浙江"，山寺有泉甘美，宜于种茶，尤其是山顶，这里被称为油车岭，"茶尤奇，所收绝少"，芽长寸有余，麝气越人。

《杨公笔录》尚是平实的笔记体叙述，与之相比，南宋沈作宾等纂修《嘉泰会稽志》"日铸岭"条目下，所载本事就笼上了一层浪漫主义色彩：

> 昔欧冶子铸五剑，采金铜之精于山下。时溪涸而无云千载之远，佳气不泄，蒸于草芽，发为英荣，淳味幽香，为人资养也。

传说中的铸剑之日，溪水干涸，千里无云，金铜之气笼盖山野，迟迟不泄，附于草芽之上蒸腾、发酵，勃发成一瓣幽香之叶，滋养人的口舌。真是瑰丽生花的想象，精光灼灼的传奇。有意思的是，日铸之茶似也应和了这个传奇，茶名雪芽，本状则"芽纤白而长，味甘软而永"（《康熙会稽县志》），但由于其不同于唐宋时主流的蒸青制法，改团茶为散茶，烘炒后成品为青褐色，微屈，形似苍鹰爪（这也屡屡成为日铸茶在文学中的指代），嶙峋峥嵘。撮泡饮之，其味则鲜醇，香气持久，张岱谓此茶"茶味棱棱，有金石之气"（《陶庵梦忆》）。张岱是有名的"茶淫"，又是绍兴人，说的该是最恰。一日铸成的宝剑，在吴越数十年恩怨纷争中含光闪影，竟也为这里的茶注入某种英侠之气，在温香微澜里漾出泠泠剑气。想来奇妙，虽不免牵强附会，但一方水土养一方人也养一方物，一地物产常常沾染着一地的气质，连草木亦通灵性。

两宋文人善品茶者众，对日铸茶评价甚高。人最常引的是欧阳修《归田录》中的评语："腊茶出于剑、建，草茶盛于两浙，两浙之品，日注（铸）为第一。"腊茶即饼茶，以当时福建建安出的龙凤团饼为最，草茶即散叶茶，在两浙盛行。其实这句话还有不常引用的下文，欧阳修还说，洪州（今江西南昌）的双井茶在仁宗朝景祐年间后来居上，夺了草茶之魁。但无论如何，日铸茶在宋代文人心中的地位到底在第一等之列。如陈师道在他的《后山谈丛》

中就不偏不倚地认为，洪州的双井茶、越州的日铸茶、登莱的鳆鱼（鲍鱼）、明州越州的江瑶柱（干贝），不能比较先后，强行品第排行者，皆源自"胜心"耳。不知洪州分宁人黄庭坚是否出自这份维护本地特产的"胜心"，他在《煎茶赋》一文中，从"涤烦破睡"的功用出发，将心目中的一流好茶排座次为"建溪如割，双井如挞，日铸如鐁"。这几个动词的比喻也是很稀罕，好似一位杀伐果断的茶将军，斩除饮茶人心中的忧烦与昏昏睡意，代之以心神怡朗。这倒的确是好茶带给人的直观体感享受。在此，他将故乡的双井茶放在北宋皇家贡焙建茶之后、日铸茶之前，或许有一些暗地里的小小较量，但总归还是将三者统列甲等，并有些倨傲地表示，其他几种名茶都只是此三者未得时"不得已"的替代罢了。

倒也不用羡慕黄庭坚之于双井茶，日铸茶也有自己的本乡代言人，那就是二十年后的越州山阴人陆游。放翁一生作诗万首，诗集中虽常常萦回着报国壮志未酬的恨惋，但在铁马冰河入梦的间隙，日常生活之趣、之美也是他重要的书写对象，所谓"凡一草、一木、一鱼、一鸟，无不裁剪入诗"(赵翼《瓯北诗话》)。陆游也是品茗的个中高手,诗中写到茶的达三百多首,堪称古今诗人之冠。他八十三岁隐居故园,还乐颠颠悬想"桑苎家风君勿笑,它年犹得作茶神"——"桑苎翁"是茶圣陆羽的号,后世常作茶之代称,"茶圣"已远,"茶神"犹可追嘛。

陆游是众所周知的仕途多舛,屡次罢官、辞官还乡,但不幸也有幸,这让他和故乡多了朝夕相处的时间。幸有故乡的日铸茶伴随左右,丰富了陆游的乡居诗书生活,常常是一边"汲泉煮日铸",一边信手翻看古人诗(《信手翻古人诗随所得次韵夜坐除夜沐浴》);或一边"嫩白半瓯尝日铸",一边"硬黄一卷学兰亭"(《山居戏题二首》);或一头"取泉石井试日铸",另一头便"吾诗邂逅亦已成"(《南堂》)……茶是文人士大夫日常生活的陪伴,对他们在精神灵感层面的意义,在陆游身上呈现得淋漓尽致。

和其他古代官员一样,陆游四处宦游,有机会品遍各地名茶,也为这些茶写下不少诗,但他依然有个习惯,无论走到哪儿,总会随身带些故园茶。有次游三游洞(在今湖北宜昌附近),他见岩下小潭水奇,遂汲取满瓶,泉白如牛乳,水流落在石头上的声音悠长如环佩,想来是不错的水，非常适合用来煎茶。但放翁在此偏偏补充一句："囊中日铸传天下，不是名泉不合尝。"若不是名泉，连泡囊中日铸茶的资格都没有，真是够傲娇的，但也可见陆游对这故园茶的偏爱。

乾道八年（1172）冬，陆游从抗金前线南郑被调回成都任闲职，颇不得志，过剑门关入川之际写下那句著名的"此身合是诗人未？细雨骑驴入剑门"。但没多久，当路过武连县（约今四川省广元市剑阁县）安国禅院时，他发现院中有二泉，甘寒非常，那个生活家陆游又显了形，来了兴致，当下汲来，试煮随身带的日铸、顾渚二茶，并写下三首诗。这组诗题常被简作《安国院试茶》，其实原题很长，叫作"过武连县北柳池安国院，煮泉试日铸、顾渚茶。院有二泉，皆甘寒。传云：唐僖宗幸蜀，在道不豫至此，饮泉而愈，赐名报国灵泉云"——陆游总喜欢像这样在诗题中写小作文，原原本本叙其本事。其中最末一首是：

我是江南桑苎家，汲泉闲品故园茶。
只应碧缶苍鹰爪，可压红囊白雪芽。

诗后还有一条自注:"日铸贮以小瓶,蜡纸丹印封之,顾渚贮以红蓝缣囊,皆有岁贡。"故诗中的"碧缶苍鹰爪",日铸也;"红囊白雪芽",顾渚也。顾渚在浙江长兴,离陆游老家山阴虽有一段距离,但在远离家乡的川蜀说"故园茶"也说得过去。顾渚乃唐代设贡焙之所,顾渚雪芽亦是历来名茶,但在陆游看来,还是至爱的"苍鹰爪"更胜一筹,是他最喜欢的。这条诗注中还透露了一条重要信息,即陆游在世时,日铸茶已作为贡茶了。

只是让陆游没想到的是,他在剑南这一待就待了六年。或许是某个午后吧,他又煮上了日铸茶,闲看茶叶在水中漂浮的姿态。像他通常那样,即景即事间,一首诗便成了:

苍爪初惊鹰脱鞲,得汤已见玉花浮。
睡魔何止避三舍,欢伯直知输一筹。
日铸焙香怀旧隐,谷帘试水忆西游。
银瓶铜碾俱官样,恨欠纤纤为捧瓯。

形容嶙峋的苍鹰爪入了水，竟如碧玉一般，在诗人眼中活色生香。和其他茶一样，饮日铸茶可驱睡娱情，但所不同的是，对陆游而言，这瓯茶里波动着桑梓之影，让他想起曾在山阴隐居的日子，异乡客的乡愁蓦然涌上来。再看身边皆是官模官样，唯欠纤纤玉手为己捧茶——不管陆游此刻想起的是否是那双记忆中的"红酥手"，但"纤纤"背后的温柔乡，背后那已化为想象的江南故园，一定是"衣上征尘杂酒痕，远游无处不消魂"的江南游子心底永远藏存的慰藉吧。

陆游故去将近四百年后，山阴又出了一位有名的同乡张岱。张岱出身名门，年轻时生活优裕，鲜衣美食、华灯烟火、古董花鸟、精舍梨园，无一不爱，无所不精，堪称生活艺术家，以致他后半生在遭遇国变后的困顿避世中，依然不止不休地重温隔世繁华。在《自为墓志铭》中，他自称是"茶淫橘虐，书蠹诗魔"，一个"淫"字，可见他对茶的痴迷。和陆游一样，张岱也喜爱本土的日铸茶，不过他是实践派，不仅品尝，还上手改造，创造出了新品，在日铸茶的发展史上记上了浓彩一笔。且这一笔，不来自茶人，而是来自文人，这是最有趣之处。

到张岱所处的晚明，日铸雪芽已不复有两宋时盛名，京城茶商来绍兴，也不是为了日铸茶。当地茶商为了销售，只能在制作上迎合京城之式，不敢用自己的独特制法。当时声名鹊起的是松萝茶。松萝茶始于明穆宗隆庆年间，由僧人大方在安徽休宁松萝山结庵焙制而成，名盛一时，被视为最早的炒青绿茶名品，各地效仿其法者亦甚多。张岱三叔张炳芳了解松萝焙法，叔侄俩就尝试将此制法用于本地茶。

关于这次改造，张岱在《陶庵梦忆》中详细记载了始末。他们一开始选用的是龙山瑞草茶，试之，香扑冽，可见效果还是不错。但张岱认为，瑞草产量很少，无法供应大量消费，而日铸茶产量较大，更为合用。于是仿松萝法来焙制日铸。一开始用其他泉水煮，香气不出；后来张岱用在本地重新发现的历史名家禊泉水煮，盛在小罐中，香气又过于浓郁；再后来杂入茉莉，再三配比，气味冲淡后盛以敞口瓷瓶，待冷却后，即用翻滚的沸水冲泡，这下大为成功。茶被水泡开这一瞬间，被张岱描述得极美：

色如竹箨方解，绿粉初匀，又如山窗初曙，透纸黎光。取青妃白，倾向素瓷，真如百茎素兰同雪涛并泻也。雪芽得其色也，未得其气。

"百茎素兰同雪涛并泻"，此画面即便不亲临其境，只是付诸想象，也令人觉得美不胜收。因而张岱依形为它起了个美名：兰雪茶。

身为一流的生活艺术家，张岱岂肯就此止步，他还不断探索着各种新鲜饮法。比如兑入牛奶——他亲自养了一头牛，取牛乳后静置一夜，待乳脂分离，挑起厚厚的富含脂肪的奶皮，按比例兑入兰雪茶汁，用铜锅久煮百沸直至细腻黏稠，所谓"玉液珠胶，雪腴霜腻"者也，不无得意，自矜此物可作为进贡皇宫之珍品。看起来似乎比今人饮的奶茶还要精致些，真是非有如此耐心，做不成这一等美食家。虽不得亲尝这明朝"奶绿"，只是追随他笔端一步步所记，便已令人垂涎。

证明张岱确为茶界行家的是，兰雪茶不止于文人的自斟之趣，推向本地市场后，也获得了巨大的成功。不少人开始不饮松萝茶，只饮兰雪茶——哪怕是假冒兰雪茶的松萝茶，甚至还有把松萝茶直接改名兰雪茶卖的。兰雪茶和松萝茶的地位掉了个个儿，竟全源自张岱的突发奇想，也算是他对故乡日铸茶的贡献了。及至清康熙朝的《会稽县志》，依然有"（日铸山茶）近多采之，名曰兰雪，味取其香，色取其白，价最贵"的记载，可见兰雪茶作为名品畅销之久。

但这也是日铸茶最后的辉煌。清初，在日铸茶诞生的平水镇一带，有人始将散叶茶改创为颗粒状的珠茶，道光后更加精制和大规模生产，一时平水珠茶风靡，甚至行销海外，价格高昂堪与珠玉相比，有"绿色珍珠"之称。而随着珠茶的兴起，原来的日铸茶逐渐衰落，民国时生产技艺甚至一度失传。一直到近些年，绍兴当地又经过研究，才重新恢复日铸雪芽之名。虽然技法已是创新后的技法，很大程度上恢复的只能是名字，但对爱茶人来说，或许多少能聊以慰藉——仅仅是这名字里，就已浇注了两千多年的历史，那里面，依然有欧冶子的金铜之气，有陆游的故园乡愁，有张岱的生活艺术。

徽州茶事：风骨隐于明柔中

山绕清溪水绕城，白云碧嶂画难成。

处处楼台藏野色，家家灯火读书声。

这是南宋诗人赵师秀的诗《徽州》。赵师秀就是写"有约不来过夜半，闲敲棋子落灯花"的那位，他是浙江永嘉人，环睹是灵秀的江南山水，到了徽州，依然会对此地清新的风景留下不俗印象。诗里的"白云碧嶂"，本是说青绿如屏、云雾缭绕的山峰，但让人蓦地联想起了徽派建筑里标志性的马头墙，高低黑白错落如屏，如琴键，如水墨画，蔚然深秀，乡野气与书卷气并存——正如赵师秀写的。

与安徽省相对，古徽州是个因现代行政区划而消失于历史的文化地理概念。曾经历时绵久、底蕴深厚的一府六县（歙县、黟县、休宁、婺源、祁门、绩溪），如今在人们的认知中，几乎已简化成了黄山和婺源的油菜花，不能不说是莫大的遗憾。但草木人间，到底相通。好山出好茶，徽州连同周边地界丘陵绵延，早在唐陆羽《茶经》中，就被列入了"歙州"（徽州更早称歙州）之名，通过一代代茶人精巧的手艺，创制出休宁松萝、黄山毛峰、屯溪绿茶、老竹大方和祁门红茶等名茶种，滋润脾胃肺腑，如徽州风景，柔媚中自有风骨。

休宁松萝

若对张岱自创的兰雪茶有印象，或许会记得，他的制法仿照的是松萝茶。松萝茶是徽茶在历史上率先打出的一张名片，按《歙县志》载，它是明隆庆年间（1567—1572）由住在休宁县松萝山的僧人大方创制的。休宁，在

祁門紅茶

色澤烏潤湯葉紅豔明亮口感醇厚甘甜更有一股獨特的香味似蘋果似蜜糖蘭花因難以形容素性喚作祁門香

今天安徽省最南端,松萝山属黄山余脉。僧人大方曾居苏州,熟习苏州虎丘茶制法,借鉴来用以焙制松萝山茶,一时精妙,闻名遐迩,周边郡邑争相学习,广称松萝茶。时人冯时可在《茶录》中啧啧称奇:"徽郡向无茶,近出松萝茶,最为时尚。"

至少在晚明时,松萝茶已名声大噪。"公安三袁"中的老二袁宏道评价它,"味在龙井之上,天池之下"——比龙井更优,逊于苏州天池茶,打分算是不低。他有一次试松萝茶时,还专门写诗,称其"洗却诗肠数斗尘",给这杯茶赋予了诗意又超逸的品质。《五杂俎》的作者谢肇淛先前还是坚持虎丘茶第一,后来松萝大有青出于蓝替代虎丘之势,他干脆把松萝、虎丘、龙井、天池、岕茶等并列,全称"茶品之上者"。浙江钱塘人许次纾在《茶疏》中持类似观点,称"歙之松萝、吴之虎丘、钱塘之龙井,香气秾郁,并可雁行,与岕颉颃",反倒是对袁宏道更给好评的天池茶不以为然。对读文人对名茶的品第是一件非常有趣的事,因为其大大有赖于个体的意趣甚至籍贯,体现出一种个人主观的真实,但无论如何,此时的松萝茶已可与老牌名茶争个座次,地位不可小觑了。无怪乎张岱也要跟风,学松萝茶的造法来创新。

松萝茶为何能后来居上?谢肇淛,这位明代著名的博物学家也想过这个问题,并将其与自己老家福建的茶做了一番对比,结论是,闽茶一半尚能角力,一半远不如。他在《五杂俎》中写道:有次经过松萝山时,他遇到一位制茶僧,向僧人问询松萝茶制法。僧人告诉他,焙茶的火候最难调,茶叶尖嫩蒂老,尖焦了,蒂还没熟,杂在一起必然不佳;而松萝茶每一片叶子都须剪去尖和蒂,只留中段,"故茶皆一色",价值自然高。僧人顺便贬了当时的闽茶,称其急于售利,不费工,所以近来建茶不振。建茶曾是宋时的贡焙,真是风水轮流转。听到松萝茶的制作工艺如此精细用心,福建人谢肇淛应该是心服口服了吧。

除了为"向无茶"的徽郡扬眉吐气大展光彩,松萝茶的重要性还在于,它是最早采用炒青技术的绿茶名品之一,代表着当时炒青绿茶最先进的工艺。唐宋时以蒸青茶为主,即以蒸汽来杀青,炒青技术虽有,如刘禹锡《西山兰若试茶歌》中即有"斯须炒成满室香"之句,但尚属零星。一直到明朝,随着主流饮茶方式从团饼茶变为散茶撮泡,炒干茶叶的制法也日渐完善且流行,比起蒸青来,滋味更为香浓、高爽、醇厚且耐泡。这是制茶史上的一次大飞跃。曾任徽州府推官的龙膺在茶书《蒙史》中记述了他现场观看松萝茶的炒制,非常有画面感:

> 其制法,用铛摩擦光净,以干松枝为薪,炊热候微炙手,将嫩茶一握置铛中,札札有声,急手炒匀,出之箕上。箕用细篾为之,薄摊箕内,用扇搧冷,略加揉挼。再略炒,另入文火铛焙干,色如翡翠。

这里说得很明确,通过炒制,高温杀青、揉捻、复炒、焙干,和现代炒青绿茶制法已非常相似,有人甚至说松萝茶是炒青绿茶的"鼻祖"。松萝茶以色绿、香高、味浓出名,龙膺形容其"色如翡翠";至于气味也很有特色,有人形容是豆蕊香,有人形容是兰花香,还有人认为是橄榄香。《幽梦影》作者张潮正是徽州歙县人,专门写有一篇《松萝茶赋》,形容和赞美起这"老乡茶"来,更是不遗余力,笔下充满了文学化的想象力:色,是"比黄而碧,较绿而娇",只有"嫩草初抽"和"晴川新涨"差可比拟；香，是"桂有其芬芳而逊其清，松有其幽逸而无其馥"；味呢，更是"人间露液，天上云腴"——总之"我亦难忘""谁能不饮"，写得相当华美，有兴趣的话列位可找来一读。夸张或许是夸张了些，但其状其味很可以想见。除了饮用，松萝茶还可以入药，有消积、清火、化食之功效。

关于松萝茶，还有一个人必须得提，那便是明末清初著名茶人闵汶水。闵汶水是休宁本地人，在南京桃叶渡开茶铺，大力推广故乡茗茶。张岱有一篇《闵老子茶》，写的就是他和闵汶水的初见，品茶鉴水，两位知音之间的机锋，一来一往过招，真是精彩绝伦。当时闵汶水已经七十岁了，在张岱眼中是一位婆娑老者，其实他从二十岁起就开始从事茶业，积累了丰富的经验。闵汶水择松萝茶最优者，从工艺上加以改良，创制了"闵茶"这一茶中名品，深得江南文人喜爱。画家董其昌原先觉得松萝茶"平平耳"，有次在家中喝到，惊为"尤物"，后来才得知是出自闵汶水之手。徽商的机敏和思变精神可见一斑，徽茶出山，在全国拥有姓名，徽商功不可没。

松萝茶在清朝时由于外贸等原因逐渐式微，甚至湮没无闻,直到二十一世纪初才恢复传统制茶工艺,重新投入生产。曾经的"鼻祖",如今竟成了"小众茶",虽令人有些唏嘘,但好在不至于绝迹,今天我们依然能买到和喝到松萝茶,条索紧实,汤液鲜绿,有异香,宛然有当年风色。况且,作为早期徽茶的杰出代表,它在茶史上的一席之地及创造性贡献,永远不会被磨灭。

黄山茶韵

松萝茶的创新制法,晚明以降,广泛风靡,影响了周边茶的生产。"屯绿"(屯溪绿茶)就是由松萝茶加工演化而来,从清嘉庆、道光年间开始盛行,畅销海外,成为中国茶出口大宗,可以看作是接替松萝茶的"新一代"。屯溪,位于黄山脚下,是今天黄山市的中心城区。所谓屯溪绿茶,并非屯溪所产,而是徽州各县及周边毗邻地区产的绿茶,在屯溪进行集散和外销。屯溪是当年徽商的商业中心、"茶都",如今还保留着一条屯溪老街。在典型徽派建筑的街上走走看看,茗茶、新安书画、歙砚徽墨,恍若梦回繁华旧日。

徽州丘陵绵延，环境气候宜人，周边各县都是著名茶乡。尤其是"归来不看岳"的黄山，峰高谷深，山南山北温差大，多阴雨云雾天气，造就了以奇松、怪石、云海、温泉出名的独特地貌风土，是茶树生长的天然之所。许次纾名言"天下名山，必产灵草"，以黄山为名的黄山毛峰，便是今日徽茶最著名的产品之一。

黄山毛峰，顾名思义，"黄山"为产地，"毛峰"则是说形态，细扁稍卷，状如雀舌，浑身披满白色细毫，芽尖露锋芒。这个好名字是光绪年间的歙县茶商谢正安起的，他当时在上海漕溪开了一家谢裕大茶行，为了与西湖龙井等名茶争夺市场，扩大徽茶影响，他决定创制新的名品。为此，他亲自率人到黄山汤口、充川的名茶园中选采肥嫩优质茶叶，在传统工艺的基础上，大胆改进，精细焙制，成品取名"黄山毛峰"。投入市场后果然大受青睐，名号响亮至今——又是徽商的一个成功案例。黄山毛峰属于烘青绿茶，烘青，即以烘焙法来干燥，芽叶不受挤压，因此形态较完整、略松，泡在水中，如漂浮的绿朵。特级毛峰更是堪称珍品，一芽一叶，嫩绿中泛黄，叶底是嫩黄，鱼叶是金黄（鱼叶即茶树出芽后萌出的第一片小叶子），汤色是清澈，滋味是清醇，掠过舌尖双颊，缓缓升起回甘。

其实早在"毛峰"之前，黄山已是名茶渊薮。明时，黄山南起第一峰紫霞山所出的紫霞茶，是仿休宁松萝制法所制，同属上品。后来的"黄山云雾"也称名一时，据溯源，黄山毛峰即是脱胎于此。明末清初学者、旅行家闵麟嗣所编《黄山志定本》中载，云雾茶乃"山僧就石隙微土间养之，微香冷韵，远胜匡庐"。"石隙微土间"，正是陆羽谓茶之所出"上者生烂石"，黄山怪石嶙峋，山石经历长期风化和自然冲刷，石隙间的土壤含有丰富的腐殖质和矿物质，是孕育优良茶树的好土。"云雾"，也是好名字，许多高山产的茶都冠以"云雾"之名，如今著名者如庐山云雾、英山云雾、天台山云雾等。不像多数茶是在名称中突出形态，"云雾"形容的却是环境、氛围，有某种仙风道骨之意。望其名，鼻梢似拂过缭绕的深山雾岚，云深不知处，茶树日夜吸吮，呼成一脉"微香冷韵"之气色。这四个字，甚是精湛，泠泠动人，如山中高士，又如林下美人。黄山茶，从云雾到毛峰，一脉承其风神。

黄山往北几十公里，便是另一名茶太平猴魁的产地。在诸茶芳名中，太平猴魁大概是乍见最令人摸不着头脑的品种之一，实际上，它也大体遵循着多数茶名"产地＋形态工艺特色"的规律：太平是地名，黄山市黄山区旧称太平县；猴，初产地叫猴坑村；魁，第一也，标明品质。比起名字，更奇的是形态，茶中很少见这样"巨大"的，一枚足有六七厘米长，干茶看起来就像一根又直又平的小棍子。制作成这种形态，着实费工不易，需要用手工将两边捏紧，形成两叶抱一芽的姿态，所谓"猴魁两头尖，不散不翘不卷边"。冲泡时，许多人喜欢将其竖直立起投入水中，杯用长高的透明玻璃杯，待卷起的芽叶舒展，杯中仿佛种植了蓊郁树林，又如一片茂密海草在水底招摇。就是这样大方、霸气，冲破了"微香冷韵"，冲破了中国茶含蓄蕴藉的传统印象。

关于太平猴魁的起源，说法纷纭，比较通行的一种是，1900年前后，猴坑村有一个叫王魁成的茶农，在自家茶园里精选出又壮又挺的一芽二叶，精心制作，成品质量高，故起了这个名字。"魁"也和王魁成的名字有关。还有说茶树生峻岭间，是训练猴子才得以采摘下来的，这就属于传说了。总之，它是徽茶家族的后起之秀，是黄山毛峰的晚辈，但甫一出世，便不输前辈，香压群芳，在国内外一系列展览上广受赞誉，赢得了中国名茶的称号。茶中窥人，茶如人，徽茶，从来是多姿多态，江山代有才人出。

祁门红茶

休宁县向西，过了黟县（著名旅游景点宏村、西递村就在这里），就到了位于徽州最西边的祁门县。祁门，在国人的认知里，是总和"红茶"二字连在一起的。与中国许多名茶一样，从茶以乡命名，到乡以茶闻名，一方嘉木与一方厚土，深结连理，互为馈赠，着实是茶这种植物的迷人之处。徽茶名品皆以绿茶为主，"祁红"却独树一帜，以"红"鼎立其中，成为最享有盛名的中国茶的代表之一，在全世界的茶杯里飘逸着如花似蜜的香气。

其实，与徽州诸县一样，祁门原先祖祖辈辈产的也是绿茶。一直到清光绪年间，才迎来了从绿到红的变革。这里面，有两个关键的人，一个叫余干臣，一个叫胡元龙。余干臣是黟县人，清末时曾在福州府任税务官员，当时福州是全国重要的茶叶出口口岸，余干臣曾帮助当地茶商抗议洋商压价采购,对当地茶业了解颇深。福建是世界红茶的起源地,经过发酵的红茶滋味浓厚,意外迎合了洋人的口味,十分畅销。后来,余干臣因事被罢官,1875年,还乡至祁门西边的建德县(今东至县)尧渡街,驻留下来,在当地开设茶庄,开启了经商之路。出于对市场的敏锐洞察,他仿福建工夫红茶的工艺,用当地茶精心试制红茶,成茶色如乌金,散发出一股特殊的香气。托人捎到福建试水,果然不俗,旋即高价卖出。后来,余干臣在祁门县分设红茶庄,精选优良茶株,在当地继续生产推广红茶,是为祁红的创造说之一。

胡元龙则是祁门本地平里镇贵溪村人。贵溪处于山中,闭塞穷困,为带领村人发展生产、改善生活,他带头开垦荒山五千余亩,种植茶树。但由于绿茶销路不畅,善于变通的胡元龙又去考察了红茶的制法,筹资建茶厂,改做红茶。这是祁红的另一个源头。胡元龙虽是地地道道的茶商,却很有些今日"扶贫村干部"的意思,试制出色香味俱佳的上等红茶后,1916年的报刊资料上记载,他"亲往各地教导园户,至今四十余年,孜孜不倦"。总之,他为祁红的发展和推广做出了很大贡献,使祁门成了红茶之乡。

到底谁是"祁红"第一人,如今看来颇有些难以定论了。二者时间是相近的,不知是相互间有所影响、风闻,还是像牛顿和莱布尼茨各自独立发明微积分那样,不约而同地仿效闽红,捧出了祁门红茶,最终归流。不过,这或许正说明一件事情,名茶的诞生,正如其他民间好物,多不是能划归一人一地的成就,而是广泛经验、智慧、实践的叠加和层累,这里面,有余、胡这样的杰出徽商代表,更有千万普通茶人。那"第一",重要,也不必那么重要了。

翻开同治年编《祁门县志》,"食货志·物产"一章开头,读之令人有些默然心震。一般志书里,多会夸矜本地如何物华天宝,《祁门县志》却老老实实写道:祁地山多田少,土产不足给居民之食,办一次宴饮、制一件衣都会严重影响全家全年的口粮,"物力艰难,兹邑为甚",唯有开源节流才能勉强支撑——此言不虚,祁门县位于皖南山区,高低丘陵交织,阴雨湿雾不断,山地面积占到全县百分之九十,茂林覆盖。这种环境,粮食生产天然不足,却能成为茶的沃土。胡元龙们率民众种茶谋生,是其来有自，也是慧眼独到。茶这种经济作物，最终没有辜负他们，没有辜负这方有机质丰富的红黄热土。祁红在市场上一炮打响，成为高品质红茶的代表，出口到欧美各国，带动了祁门县经济、社会各方面的建设发展，真是厥功至伟。

祁红有许多美名，如"群芳最"，如"红茶皇后"，如"王子茶"。后两种，都洋味十足，大约是外国人给起的。中国人饮茶仍以绿茶为主，近代祁红主要是外销，遍及五十多个国家和地区，最多的是英国——一份洋行输出数据显示，近代祁红对英出口的数量占到全部出口量的一半以上，比美法俄德等国加起来还多。英国人离不了下午茶，茶桌上若有来自东方的 Keemun black tea（红茶在英语里不是 red tea 而是 black tea）出场，是高贵的招待。这品质上佳的名茶，与异邦之水发生奇妙的反应，是王室和女王的心头好，价格也比其他红茶高昂，属于奢侈品之列。它色泽乌润，汤叶红艳明亮，口感醇厚甘甜，更有一股独特的香味，似苹果，似蜜糖，似兰花，因难以形容，索性唤作"祁门香"。外国人还用牛奶、柠檬等与之调兑，在乳香果香的碰撞下，"祁门香"不减其色，更显馥郁。在

1915年巴拿马万国博览会上,祁红一举夺下两枚金质奖章,熠熠生辉。

世人广知,祁门红茶与锡兰高地红茶、印度大吉岭红茶并称世界三大红茶。但这个"荣誉",追究起来总觉得有些微讽,毕竟后两者都是源自中国茶,是英国通过不光彩的方式盗取种植的。二十世纪以来,正因为受到印锡等英殖民地红茶的反向冲击,加上两次世界大战、不平等关税政策等原因,在中国茶出口衰落的大潮下,曾被西方奉为稀有上品的祁红首当其冲,黯然不振了很长时间。为了夺回失落的茶叶江山,民国时期,吴觉农等一批茶学专家还曾选中祁门平里镇——正是胡元龙故乡——设立茶叶试验场,力图以祁红为突破口,重振中国茶。在一代代茶人的努力下,祁红保卫了自己辉煌的茶名与红茶的地位,风行世界百年至今。祁红跌宕起伏的命运,暗合着华茶乃至整个中国的百年史,那里面,有兴盛,有屈辱,有不甘,也有奋起。

君山银针：君山不大，茶名不浅

湖光秋月两相和，潭面无风镜未磨。

遥望洞庭山水色，白银盘里一青螺。

咏洞庭山水的诗句甚多，刘禹锡的这首《望洞庭》，知名度和引用率应该算得上最高之一。初读不解妙在何处，总觉得画面太直接了，意象也太工整落实，比起"吴楚东南坼，乾坤日夜浮"或是"西风吹老洞庭波，一夜湘君白发多"来，少了些宏阔，或飘逸，或想象与诗意的留白。是后来见到了航拍的全景照片，才恍然领会到此诗是何等贴切，刘禹锡不愧是刘禹锡，遥望洞庭不愧是遥望洞庭，好就好在这"直接"和"工整落实"——洞庭湖自古称八百里，用现代单位计算是两千六百多平方公里，其中那君山岛不足一平方公里，满岛苍绿欲滴，最妙的是整体轮廓形似边角圆润的三角形，可不端端就是一枚小小青螺？地上的山水变成精致的盆景，仿佛能置于桌上观赏了。

君山与范仲淹的岳阳楼相望，是岛也是山，虽小，典故却不少。最著名的有两个，都与爱情有关。一个是说此地为舜之二妃娥皇、女英葬处，相传舜南巡苍梧而殁，二妃寻夫追至君山，闻噩耗，痛哭而亡，葬于此山，还衍生了一个湘妃竹的传说。君山的君，便是湘君的君。第二个和唐传奇"柳毅传书"有关，岛上有一处柳毅井，据说有情有义的书生柳毅就是从这里下到洞庭龙宫，替远嫁泾阳受苦的龙女向家人传信的。好玩的是，这虽是传说，却搞出两个争辩不一的真地址，除了君山柳毅井，苏州东山也有一个柳毅井。怪要怪地名的混淆，君山傍洞庭湖水，故有洞庭山的古称，而苏州东山全名就叫东洞庭山，还有个西洞庭山，都在亦可"开设"龙宫的太湖中，唐传奇文本里只说是洞庭，没说清是哪个洞庭。苏州名茶碧螺春就出

君山銀鍼

君山茶之所以也銀
鍼茶之形也乎采摘
卿家的單芽瑕不合
夏葉條條求蓼尘
外꾀白毫真作一根
炎鍼精柱步裹毘蒼
奄聲伯旳

自彼洞庭山，因而又叫洞庭碧螺春，若对茶与地理了解不多，乍看这名字一定会迷惑不已。

而这个湖湘大地的"洞庭山"也以茶出名，佼佼者的代表便是君山银针。还是地名加形态的惯例，君山，茶之所出也；银针，茶之形也——只采清明前的单芽头，不含鱼叶，条条束紧索立，外披白毫，真似一根根尖针，捧在手里，万箭齐发似的。最有趣的要看冲泡时，简直像观赏一出水与茶之舞，吸饱了水的茶叶，芽朝上柄朝下在水中竖立起来，各自或速或缓地沉降至杯底，依然屹立不倒，可不一会儿，纷纷又以同样的笔直姿势向水面上浮去。从物理上解释，这和芽头、芽柄不同吸水膨胀程度所导致的变化有关，而对饮茶人来说，直道是好茶如好景。这景，最宜用透明玻璃杯观赏，杯中上上下下尽是立着的银针，有形容这叫"刀枪林立""万笔书天"，都形象得很。无端联想起《琵琶行》里的一句"银瓶乍破水浆迸，铁骑突出刀枪鸣"，虽然这"铁骑刀枪"是静默无声的，更像是一幕写意的舞台布景。会泡君山银针的行家，甚至能泡出"三起三落"的效果——比起前面种种军事化的比喻，这倒是反了过来，化作大风大浪后的淡然。

与多数人常喝的绿茶红茶不同,君山银针属于黄茶,是中国为数不众的黄茶品类中的代表。黄茶属于轻发酵茶,比起绿茶来,其实只多了在杀青后"闷黄"这道程序,也就是将茶叶趁热堆积,使之由绿变黄。不同黄茶的"闷黄"发生在制茶过程中的不同环节,有的在杀青后,如湖南宁乡的沩山毛尖;有的在揉捻后,如广东大叶青茶;有的是在炒或烘的过程中,如四川蒙顶黄芽、安徽霍山黄芽等。君山银针也是这第三类:茶叶在初烘后,要用牛皮纸包好置入箱中,经整整两昼夜,待芽头转黄,特殊的香气逸出,这才完成了初包闷黄,可以转入复烘用,复烘后还有复包闷黄,再历二十小时左右,最后方足火烘干。二烘二闷,这个过程看起来就繁琐,做起来更是不易,尤其是最难把握的闷黄,若是闷过头,茶就废了,闷得不够,黄变则不到位,还是绿茶。料想起来,黄茶的诞生大概率是缘于一些意外,譬如起先是有粗心疏懒的茶人没能及时将绿茶干燥,又或是干燥不到位,让还湿热的茶自行微微发酵了,索性将错就错。不过到了今天黄茶的制作程序里,错可就不是错,而是正确的评判标尺了,有着自己严格的刻度。

君山不大,茶名不浅,除了君山银针,还有绿茶君山毛尖。茶对环境挑剔,君山茶莫不如此,山虽不高,胜在四面环水,亚热带的风长年送来浩渺洞庭的烟波水雾,空气湿润清新,壤土肥沃,是茶树绝好的呼吸之所。君山所在的湖南岳阳市,古称岳州,种茶的历史也很久,据传第一颗君山茶籽正是娥皇、女英两位湘夫人种下的,当然这是传说,无法稽查了。北宋官员范致明谪居岳州期间,曾作一卷《岳阳风土记》,其中有记"灉湖诸山旧出茶,谓之灉湖茶",又叫"灉湖含膏"。灉湖,是岳阳的另一处湖泊,今天的名字叫南湖,其实也是洞庭湖派生出的一小片水域,距洞庭湖最近处仅不到两公里,据今人溯源,灉湖茶当是可考的岳州茶的源头。《岳阳风土记》中提及,唐人已极看重灉湖茶。此话有据,据说文成公主进藏就带了此茶,唐释齐己还有《谢灉湖茶》一诗,其中有"烹色带残阳"之句——残阳之色,难以准确描述却人皆能想见,含着黄茶黄汤黄叶的初韵,或许那时已有闷黄之艺了。

不过到范致明生活的北宋时,灉湖含膏已不多种植,唯有"白鹤僧园"种千余株,所出不过一二十两,本地人叫作白鹤茶,"味极甘香,非他处草茶可比"。曾经的白鹤僧园在灉湖西北的白鹤山上,离洞庭君山倒是更近一步。

范致明评价，此处土地"颇类北苑"，北苑就是福建建安北苑，大名鼎鼎的北宋御用贡焙之地。再仔细一看，原来范致明本人正是建安人。他乡遇到好茶，和故乡名茶比一比是人之常情，不过也从侧面印证此处茶土优良。大概是顾名而来，白鹤茶又有自己的传说，说是此地曾有真人取水泡仙茶，白雾腾空，中有白鹤一跃而起，茶便也像人一样得道，多一丝仙气的加持。大凡天下好物，总是愈说愈玄，但无论如何，如今君山银针认祖归宗时，这白鹤茶已被看作是名品诞生过程中的重要一环。

茶的主要产地从灉湖到洞庭湖，从白鹤山到君山，很难说确切发生在何时，但应当是个随时间迁移的历史过程。据清朝《巴陵县志》记载，至少到乾隆年间，"巴陵君山产茶嫩绿似莲心"，已被公认为是灉湖茶之后的本邑茶代表，并纳入贡。用来上贡的茶，每年谷雨前由知县遣人监督山僧采制，看来已是非常受重视了。大吃货袁枚即是乾隆年间的人，他的《随园食单》的茶酒单里，茶类只列了四种他认为"可饮者"，分别是武夷茶、龙井茶、阳羡茶和洞庭君山茶。能与前三种名茶齐列，看来评价已属不低。就像前面说的范致明，杭州人袁枚也总要把其他茶拿来和"吾乡龙井"比照比照，诸如龙井比武夷味薄，阳羡比龙井略浓，而君山茶呢，"色味与龙井相同，叶微宽而绿过之，采掇最少"。照这描述，袁枚喝的应是君山绿茶，而不是今日的黄茶君山银针。不过"采掇少"这一点倒是一致的，君山地方有限，一年所出茶亦有限，不足以供四方，且价格昂贵，这一定程度上阻碍了它的大规模发展。

作为黄茶的代表，很长时间里，君山银针也不可避免地面临着黄茶共同的问题。在更受欢迎的红绿之间，黄茶的地位有些尴尬和小众，它发酵程度轻微，像绿茶又不是绿茶，没有绿茶认知度广、回报快，还比绿茶流程复杂、工艺难掌握，相应的风险就更大，因此很多地方干脆直接做了绿茶，黄茶工艺有衰落的危机。好在随着这些年对传统文化、非物质文化遗产的重视，黄茶制作工艺逐渐迎来新的复苏，像一枚硬币的两面，小众的另一面是品质独特，而工艺复杂的另一面，是手工的参与，是精耕细作的匠人精神。与人类劳作紧密联结，进而与人类内在心灵紧密联结，原本就是茶这种植物的本质魅力之一。一杯花费更多精神的茶，许更能被识别出其中荡漾的茶人之心。愿黄茶亦如此。

洞庭碧螺春：太湖碧色，先于早春

君山银针一篇里，略提到"洞庭"这个地名的混淆。另一个洞庭说的是山，在将近一千公里外的苏州太湖中。太湖，地图上看像半面轮廓参差的月亮，是我国第三大淡水湖，正列于岳阳洞庭湖之后。虽比洞庭湖少了那么一百多平方公里，但比起长江中游，位于下游的太湖又多了几分先天之利——所在到底是江南，鱼米之乡的江南，花柳繁华地温柔富贵乡的江南。江水浩浩汤汤至此，水的脾性，山的禀性，人的品性，都为之焕然温软。清代《苏州府志》的执笔者写到本乡物产，流露出一种难掩亦不掩的自豪感,谓"吴地膏沃,百物阜成,而工技之属奇巧尤为天下甲",诚然。

说回洞庭山,山有两座,分别是洞庭西山和洞庭东山,简称西山和东山,都位于湖之东南水域。西山是个湖中岛屿,古名叫包山,因其"四面皆水包之"。岛上有洞山、庭山,有人认为"洞庭"之名即源于此。东山则是个半岛,与岸相连,与西山相望,据传隋朝将军莫厘曾居于此地,因而旧称莫厘山。总归,因了这"洞庭山",太湖又得了个"洞庭湖"的古别名。西晋著名的面相欠佳的文豪左思写过一篇《吴都赋》,其中两句是"指包山而为期,集洞庭而淹留",这里的"洞庭"自然是苏州的太湖。

真是不绕晕人不罢休。只是一边晕头转向一边又不免诧异,两湖两山,一在潇湘,一在姑苏,相距七百多公里,为何皆名以"洞庭"?古书里有个解释很有意思:太湖包山底下有洞室穴道,"潜行水底,无所不通,号为地脉"(《山海经》郭璞注),据说"东通王屋,西达峨眉,南接罗浮,北连岱岳"(《吴郡志》),总之堪称四通八达,听起来相当厉害,颇有些神话色彩。更有趣的是,据《水经》引《山海经》说,洞庭湖君山有石穴潜通吴之包山,

洞庭碧螺春

索纖細捲曲葉色翠嫩遍披銀毫像一條條身疊銀鱗的青色蛟龍在雲間矯健騰躍投入水中湯色湛清嫩綠是早春初萌之色入口鮮爽還有一絲說不出的涼甜之意

也就是说，这两个"洞庭"底下亦是相通的。显然，"洞庭"在这个传说里，是个形容词般的存在。钱穆在谈楚辞时，顺便对这个词做了一点文字学的阐释："庭，空也，洞，通也，所谓'洞庭'，乃是个通称，指的就是'此水通彼水'，地下水脉相潜通。"虽然只是诸种说法之一，也不甚了然为何古人会笃然认定这两处山水下有水穴神脉，也许是缘于那太过神斧天工以至未知难解的地貌吧，但总之你也洞庭我也洞庭，美名共享了。

花费好大一番功夫来做这一串地理学的辨析与注脚，不单是出于对冷僻知识的好奇，更在于，苏州名茶洞庭碧螺春的名字实在是太容易令人错解了。现在去网上查，还有不少不明真相的人提出疑问：洞庭碧螺春是出自湖南洞庭湖吗？殊不知千里之外有苏州洞庭山，才是其真正所出。不过两地环境确是有相似处，皆有湖水相拥相围，山石风化沉积，季风长年吹来暖润水汽，又经巨大的湖体调节，湿暖宜人，天然自成茶之佳壤。

洞庭山产茶的历史的确也很悠久了。早在陆羽《茶经·茶之出》中就写道："苏州长洲县生洞庭山"，长洲县大致就是现在洞庭山所在的苏州吴中区一带。也就是说，至少到唐时，此地便有茶名。只是陆羽本人对彼时洞庭茶的品第并不高，将其置于浙西茶之"又下"等，也就是第三等了。北宋时，洞庭茶有了相当的进步，这有赖于僧人的贡献——西山水月禅院的僧人善于制美茶，茶以院为名，号称"水月茶"，并被纳入贡，名气渐滋。曾被苏东坡举荐做官的苏州本地人朱长文在他的《吴郡图经续记》里就略提一笔，说这水月茶近来颇为吴人所看重。追溯起来，有人认为这数得上是碧螺春的前身了。其实，这里面有个"颠倒事件"：水月茶本早于碧螺春，但到了有清一代，碧螺春茶在洞庭东山声名鹊起后，历史悠久的水月茶反倒改名碧螺春了，成了"西山碧螺春"。这或也可看作是映照茶史兴衰浮沉的一个小小细节。

碧螺春茶的真正创制出现，要一直迟至明末清初了，也不是从茶名早盛的西山，而是从东山发端。关于这碧螺春的名字，有个流传广布、几为公认的传说，和康熙皇帝有关——对，这一次终于不是关于著名皇家茶人乾隆了，而是关于他的祖父。说的是洞庭东山碧螺峰的石壁上产野茶，当地人称为"吓煞人香"，康熙己卯（1699）年间，圣上临幸太湖，巡抚以此茶进献，康熙觉得这名字太不雅驯，视其形色，大笔一挥，赐名"碧螺春"。这个说法多是从乾隆年间藏书家王应奎的《柳南随笔》中摘引来，王应奎书中对此事前史还有一段更详细也更传奇的敷陈，说在康熙赐名之前，这东山石壁野茶其实早已被当地人采了几十年，从未有异，直到康熙某年中，采茶时因茶叶较多，筐子盛不下，因而采茶人暂且置于怀中，不想茶得了热气，忽发异香，人们争呼"吓煞人香"。从此人们采茶前都要沐浴更衣，茶不用筐装，都揣在怀里，为的就是这异香。这个传闻倒是为自然草木焙了些人间温度。

不过，目前所见最早的关于碧螺春的史料记载当是出自未知何人所著的《随见录》一书（原书已佚，幸陆廷灿《续茶经》中有引录），其中表述的茶事却十分简明，并没有这些从皇室到民间的弯弯绕，只说"洞庭山有茶，微似芥（宜兴芥茶）而细，味甚甘香，俗呼为吓杀（煞）人。产碧螺峰者，尤佳，名碧螺春"。碧螺春的名称直接源于产地东山碧螺峰，客观揣度来，这应该更接近原初本貌，后来的说法，大约也算作"层累的历史"，未必不真，但叙事因果难说。人们自古总是乐于将物与名人尤其是皇家沾上亲带上故，一来传播声名，二来抬高身价，津津乐道以至乱真,而参与买卖的人们也乐得这种乱真,至于真相究竟如何,无人执意追索。碧螺春的故事大概也是这样一层层传奇化的。

不过,既然相传是天子御赐之名,那么理应处处彰显官家巧思,于是这碧螺春的得名,也时常被拆解开来解释:碧,汤叶色嫩碧;螺,形蜷曲似螺;春,采制于早春。虽然多少有点后来附会的嫌疑,但之于茶本身,这些形容倒也是颇为贴切。碧螺春外形别致,条索纤细卷曲,叶色翠嫩,遍披银毫,像一条条身覆银鳞的青色蛟龙在云间矫健腾跃。投入水中,汤色湛清嫩绿,是早春初萌之色,入口则带着炒青绿茶特有的鲜爽,还有一丝说不出的凉甜之意。至于"春",也是恰如其分,比起盛行的明前茶、雨前茶,碧螺春的采摘早至春分前后,从这时到清明前的茶,最为名贵。摘得早、采得嫩、拣得净,是碧螺春名声在外的三大采摘要领。采茶季节,茶人最为忙碌,因为鲜茶采下当日就要炒制,不能隔夜。炒制中,讲究"手不离茶,茶不离锅",要通过反复揉捻、搓团、抖散的手法,方制成蜷曲似螺的特殊形状,极为考验技术和耐力。

真正源于洞庭山的碧螺春茶,细嗅慢啜,还漾开着一种特殊的花果香气，这和其种植环境有关。在东西两山，普遍采用茶果间作的方式，茶树与梅树、桂树、柑橘、枇杷、杨梅等花木、果木按照一定结构比例间杂共植，这一方面提高了土地利用率和经济效益，生成了层次多样立体的景观；另一方面，茶木与花果在地下根系相连、水土相享，在地上枝叶相邻、花粉相授，日夜吐纳着花果之清甜气味，如人在深林中呼吸，气息自然与众不同。这里面自是蕴含着民间的智慧与审美，也在现代科学中得以应验。

其实，茶果间作之法也是悠久的创造了，至少明代人罗廪在其《茶解》中就已经给出了具体指导，要点是"茶不宜杂以恶木"，只能同桂、梅、辛夷、玉兰、苍松、翠竹之类间植，这些高大植物能为茶树"蔽覆霜雪，掩映秋阳"，而茶树下则可种低矮些的芳兰、幽菊等"清芬之品"，最忌讳和菜畦挨着，免得秽污渗漉。在古人眼中，植物像人一样，能够按照品格分出等级来，与梅兰松竹等嘉木同列，侧面印证着茶之为植物在人们心中的特性与地位，它是清的、雅的，绝非浊的、俗的。中国人与植物的关系，奇就奇在这一处，植物是活的，且不仅仅是作为一般生命体那样的"活"，而是在与人的日日对望互赏中，产生了一种真人一般的鲜活,似乎开口便能诉说,存在便能陪伴。

苏州枕京杭运河,水运便捷,万商云集,丰富的江南物产沿着河道流通全国。也许和借康熙名号的宣传真有关系,总之碧螺春的推广的确做得不错,在康乾年间已逐渐家喻户晓,遍饮天下,成为四方茶客案头杯中的珍品。在一些人心目中,甚至能拔得头筹。这中间就有龚自珍,一位"我劝天公重抖擞,不拘一格降人才"的改良派诗人,课本上的画像总是一副金刚怒目的激愤模样,其实他还是个资深江南茶客。有趣的是,他是杭州人,却认定"洞庭山之碧螺春为天下第一",责"近人始知龙井,亦未知碧螺春也",品茶虽属个人趣味,但这也真是铁面无私,毫无偏袒本乡茶的私心与"胜心",令人不得不信服。再晚一些,清末民初人震钧亦称"茶以苏州碧螺春为上,不易得,则苏之天池,次则龙井"(《天咫偶闻》)。震钧是满族旗人,汉名唐晏,世代居北京,年轻时曾长居江南,因而不同于一般"不知茶"的京师士大夫,他是熟悉茶也懂茶的,同时又因来自北地,跳出茶乡之囿,一定程度上代表了某种广泛而公允的品鉴。总之,直到如今,在多次"中国十大名茶"的评定中,不管谁来评、怎么评,碧螺春都妥妥榜上有名。当然,"老对手"西湖龙井也是永远在列,所谓上有天堂下有苏杭,茶也自然得是苏杭并进。

名茶如一切名物,美名永远不单来自自身,更来自历史的沉积与馈赠。碧螺春很好地证明,这种馈赠是多么坚固而长久。

苏州虎丘茶逸事

不同于延续至今的洞庭碧螺春,同在苏州的虎丘茶却是一种在茶史上光彩彪炳,而今现实中却无人有幸品饮过的茶——当然,所指并不是今天在虎丘一带开采的茶。

虎丘茶的美名,尚在碧螺春之前。依照茶书留下的线索,至少在明万历年间,虎丘茶就扬名海内,为人称奇。其实苏州虎丘山一带开始植茶,和洞庭茶一样可以上溯到唐朝,曾因为官苏州而获"韦苏州"之名的韦应物,在此地时就曾有幸品饮虎丘之茶。总之,翻开明代茶书,对虎丘茶的提名与赞美俯拾皆是,茶家普遍将其与松萝、龙井、岕茶等名茶并称。若是对此前徽茶一篇中的休宁松萝茶有印象，会记得松萝茶正是曾居苏州的僧人大方学会虎丘茶的制法后，回到休宁当地制成的。松萝茶后续又对其他绿茶的制作产生深远影响。可见虎丘茶不仅在于品饮，亦在制法上有着不可忽略的重要地位。

在一众赞誉里，明代风流文人屠隆评得绝高："（虎丘）最号精绝，为天下冠。"（《考槃余事》）这也是虎丘茶被征引最多的评语。只是这后面还有个不太为人注意的转折："惜不多产，皆为豪右所据，寂寞山家，无縁（由）获购矣。"好茶被有钱有势的人占据，常人难以获得。屠隆是万历年间人，写过不少当时很叫座的戏曲，后因事被罢官，晚年寻山访道，杂著《考槃余事》里专门谈茶的这部分内容，大约就成于这时候。因而这"寂寞山家"，既是一般平民，大概也说的是自己吧。他这话里很是流露着一些不平，也暗示了虎丘茶后来的悲剧。

虎丘山不大，位于太湖向东二三十公里处。正宗的虎丘茶由虎丘寺僧人所植，主要在金粟山房这一小片地，面积有限，每年所产甚少，不过数十斤。物以稀为贵，虎丘茶的难得愈发增益着它的佳美，使它成为传说，对大多数

蘇州虎丘茶

雖茶一車後虎丘茶而剩無幾到清朝時已徹底無覓蹤跡真正成為傳說中的名茶了只剩故紙中的美名供人遐想追憶一代名茶虎丘茶不毀於天災而毀於人禍

人来说，是可望而不可即之物。至于有机会见到且喝过的人，评价皆不俗，譬如"色如月下白，味如豆花香"(《虎丘志》)、"色白如玉，香如兰"(《苏州府志》)等等。最"惊人"的反馈来自明人熊明遇，他在其《罗岕茶记》中认为，"茶之色重、味重、香重者，俱非上品"，以这个主观标准来评，松萝香重，六安味苦，天池龙井有草莱气，云雾既色重又味浓，反正各有各的不如意。唯有曾经啜饮过的虎丘茶，"色白而香似婴儿肉，真精绝"。茶色贵白，是当时的主流追求，而香味像婴儿肉，有点诡异，但若一想人们向来爱闻小宝宝身上的那股特殊的甜香味，就十分能够理解了。从种种描述中，我们大致能勾勒出虎丘茶的模样，它的叶子微带黑，茶汤是白色的，故有"白云茶"之称。有人据此合理推测，虎丘茶疑为古代白茶之一种。

木秀于林，风必摧之，虎丘茶的磨难接踵而至。因为看上了这一方好茶，官吏与贵人日夜来骚扰索取，令种茶的僧人苦不堪言。进献珍贵的虎丘茶，尤其成为当地官吏向上阿谀的好法门，为了先下手占住茶，每到春时，茶花还未开，官吏就给茶园上了封条。然而即便如此，总有试图行动更早一步的人动歪脑筋，估摸着茶树抽芽时，不惜翻墙窃茶来先行进献。有些没得到茶的人未达成目的，恼羞成怒，竟然会把僧人关起来痛打。茶再也不是风前月下的涤神良伴，而成为累赘与苦差。如此折腾了许多年，一直到明天启四年（1624），官吏督责索茶尤苦，虎丘寺的僧人出于悲愤，怒将精心栽培多年的茶树连根拔起，砍伐殆尽，以永除这无穷无尽的恶患。这件事一度引起巨大震动，苏州本地出身的大学士文震孟（他是文徵明的曾孙）为此写了一篇《薙茶说》，讲述了此惨剧的原委。文中引了友人的一句话，"多欲则多事，多事则扰民"，道尽个中本质。无论被赋予多少超逸的品质，茶作为土生之作物，依然与经济、阶层、人相连，难脱人事的纷扰，在扭曲的制度下，沦为欲望膨胀的牺牲物。

薙茶一事后，虎丘茶所剩无几，到清朝时，已彻底无觅踪迹，真正成为传说中的名茶了，只剩故纸中的美名，供人遐想追忆。一代名茶虎丘茶，不毁于天灾而毁于人祸，代价高昂，令人叹息，是历史上曾发生过的许多悲剧的重演，也但愿是永远的警钟。那明代的僧人以决绝的方式在茶史中写下了这一页，于彼刻，做出了个体的也是普遍的对于强权的反抗，尽管永远不得而知其姓名。

今天的虎丘也产茶,不过已非历史上的彼虎丘茶,而是晚近的新植,从别处移来,迄今几十年,也渐渐打出品牌。虽非往日原样风物,遗憾永不能弥补,但对于苏州和虎丘来说,或也能稍稍抚慰——世间好物不坚牢,但人们毕竟记得它曾存在。

阳羡与顾渚：溪山好，紫笋出

中国人颇喜欢将那些对某一行做出重大贡献，尤其是具有突出人格魅力的历史人物神格化，谓之圣，谓之仙，超越肉骨凡胎而入神，这是一种中国式泛神论的崇拜情结和浪漫色彩。有意思的是，这圣和仙的冠名不仅是专有的，还往往是成对出现的——有诗圣就有诗仙，有酒圣就有酒仙，有医圣就有医仙。茶道也一如其是，有一位"茶圣"，《茶经》作者陆羽是也；亦有一位"茶仙"，乃是中唐韩孟诗派诗人卢仝。中国各地名茶层出，数不胜数，却有一款茶，能让这一圣一仙都为之"站台"。何者，竟能获得这份殊荣?

答案是来自江南丘岭中的阳羡茶,它曾引发中国茶史上的一桩大事件。

阳羡是古地名,今天叫宜兴,是隶属江苏无锡的一个县级市,但按照古代的行政区划,封建时代漫长的一段时间里,这片地方归属于常州。西晋时,为嘉奖阳羡人周玘三次兴义军平定江南叛乱,阳羡改名义兴(这位周玘即是那位改过自新除三害的周处之子,勇毅颇有乃父之风)。至宋,为避宋太宗赵光义讳,遂称宜兴。从"义"到"宜",一字之易,倒是更贴合了地理环境。宜兴坐落太湖西岸,恰和东岸的苏州隔湖相望,共享一片水域,也共享旖旎江南山川风月。多"宜"呢?有苏东坡前来证明:"买田阳羡吾将老,从初只为溪山好。来往一虚舟,聊从物外游。"不只是写写诗而已,东坡居士真的是在这里买房买地,期望将此处当作养老之地,将漂泊的大半生安定下来。一来,完成当年和几位宜兴籍同科好友"卜居阳羡"的约定;二来,自是因这"溪山好"。尽管他自己后来一路贬谪终未遂愿,但好在他的家眷后人被安顿在了这里,将苏门的一脉骨血和神气流传下去。这是馀话。

陽羨茶

一碗喉吻潤 兩碗破孤悶
三碗搜枯腸 唯有文字五千卷
四碗發輕汗 平生不平事盡向毛孔散
五碗肌骨清 六碗通仙靈
七碗喫不得也 唯覺兩腋習習清風生
蓬萊山在何處
玉川子乘此清風欲歸去

自是"溪山好",和对岸的苏州一样,此地产茶,也是理当其然了。翻看我国第一部茶书《茶经》,陆羽就记录道,"浙西,以湖州上,常州次,宣州、杭州、睦州、歙州下"。这是陆羽眼中唐代浙西茶的品第。常州茶里,首先提及的便是这"义(宜)兴县生君山悬脚岭"的茶。看起来,好像和被评为"上等"的湖州茶隔了一级,不过,与湖州茶名下首先提到的"生长城县顾渚山谷"的茶,也算得亲缘。长城县即今浙江湖州长兴县,县境和宜兴南北相接,两县接壤处的绵绵山岭,包括陆羽所赞的君山(今宜兴铜官山)、顾渚山等,正是阳羡茶和另一种历史名茶顾渚紫笋的产地。虽属两县,实唯相隔一山,风土相类,植被交错,茶人相互往来,茶史交融发展,因而古代茶书上也常常将两地茶并提,尤其到明代后,更是皆享"岕茶"之名,所以本篇便也不拘行政地理之隔,一齐记之。

在《新唐书·地理志》中,常、湖两地贡茶皆称"紫笋茶"。名字有玄机,陆羽认为,"阳崖阴林,紫者上,绿者次,笋者上,牙者次。"听起来跟我们今天对茶叶的印象和标准不太一样,这应该是和唐时以蒸青茶饼为主的茶叶制作工艺有关。今天有学者从科学角度解释,长在向阳山崖上的茶,接受日照多,故而茶多酚类物质较多,叶绿素较少,且使茶收缩如笋。总之按陆羽的标准,"紫笋"便是"上上"。阳羡紫笋、顾渚紫笋,是太湖西畔的一对灵秀双生子,在远方来客陆羽的茶杯中漾起波澜,助他写下千古一《茶经》,足堪好好记一笔。

陆羽与此地茶结缘,是在安史之乱末期,公元760年左右。那时节,他从故乡竟陵(今湖北天门)来到湖州,结庐苕溪,自称桑苎翁,闭门著书。这是一位身世卓异的奇人,生来"不知何许人",是个孤儿,被竟陵禅师智积从水边捡回来,在佛门长大,却自小慕儒家,十来岁就担心自己"无后""不知书",便从寺里跑出来,在戏班子里做了优伶。说也怪,据说陆羽相貌丑陋,还口吃,却善辩且诙谐,演员事业做得不错,很快就遇到了贵人——被贬为竟陵太守的唐宗室李齐物。李齐物慧眼发现陆羽不同于一般人,亲授诗书。陆羽后来又跟随其他老师学习、交游,如愿成了一位"知书"的人。

在异乡,陆羽是一位乡邻朋友眼中的"今之楚狂接舆",时常独行山野,杖击林木,手弄流水,吟诗诵经,日暮时兴尽号泣而归。受到官家征召,也不去就职,与人宴游，心有所往便不言而去，但若与人约定好某事，"纵冰雪千里，虎狼当道"，也一往无前。可见其率真、不羁、超逸之性，虽历安史劫乱，依然承遗盛唐太白之风。只不过，太白爱酒，陆羽爱的是茶。他在宜兴、长兴两县交界的顾渚山、君山一带深入行走，访茶、著述，这期间，认识了两个重要的人。

一个是著名诗僧皎然。皎然是长兴本地人，也酷爱茶，又因一层佛缘，与后辈陆羽一见如故，他留下来最有名的一首诗就叫作《寻陆鸿渐不遇》（陆羽字鸿渐），可见情谊之深。皎然不仅常常与陆羽谈茶论道，还大力支持他的茶学研究，让陆羽到自己所在的妙喜寺寺产顾渚茶园里考察，走出文人的居室案几，实地调研茶叶的种植、采摘、制作等，给《茶经》的写作奠定了深厚的理论和实践基础。

另一个是名臣李栖筠。李栖筠的名气也许不算特别大，但他的儿子李吉甫、孙子李德裕后来都当了唐朝的宰相，声名煊赫，尤其李德裕，就是著名的"牛李党争"中的"李"方。李栖筠虽没当宰相，却实有王佐之才，"魁然有宰相望"，也因此被时任宰相忌惮，从朝中外调任常州刺史。虽成了地方官，到底是能吏，李栖筠把常州治理得相当不错，而且，也因之有了和游访此地的陆羽结识的机缘，又促成了另一桩大事。

一篇被李清照丈夫赵明诚收录在其《金碌》中的碑文《唐义兴县重修茶舍记》记录了这件事：有当地山僧向李栖筠进献佳茗，李栖筠很高兴，召会宾客品尝，在座的就有"野人陆羽"。"野人"指的是在野之人，布衣或隐逸者皆可称。陆羽虽无官无职，却已因《茶经》和"今之接舆"声名在外，李栖筠自然交游并厚待，奉为上宾。总之这天陆羽品茶后认为，"芬香甘辣，冠于他境，可荐于上"。茶界大咖陆羽严选，那当然是权威认证，李栖筠听从了这个建议，向朝廷进贡万两，阳羡茶始为贡茶，这是《茶经》以来的第一款贡茶。

这时的皇帝是唐代宗李豫。李豫也是个爱茶之人，且皇家对茶消费需求大，收到这万两阳羡茶还不够，遂下令，在与阳羡一山之隔的长兴顾渚山中建贡茶院，专为皇家造茶，这就是唐代的"顾渚贡焙"，也是中国历史上第一个官家茶院。从周边茶山来的茶叶在这里经"采之，蒸之，捣之，拍之，焙之，穿之，封之"（《茶经》）的唐法制茶工艺，成为一块块整装待发的蒸青茶饼。据统计，每岁可造一万八千四百斤（唐代一斤约等于今天的596.82克）。就像那"长安的荔枝"，每年第一批茶，要赶在清明节前快马急程送到长安供享用，所谓"十日王程路四千，到时须及清明宴"（唐李郢《茶山贡焙歌》）。因此，监督贡茶采摘制作，是当地州牧的一项重要职责。这里面最著名的两位就是颜真卿和杜牧，大书法家和大诗人都做过湖州刺史，承担过这项"国家工程"。如今去顾渚山中游访，依旧可见唐贡茶院遗址与诸位督茶刺史留下的摩崖题记，想见往昔那"研膏架动轰如雷，茶成拜表贡天子。万人争唼春山摧，驿骑鞭声砉流电"的盛景。

　　造贡茶是国家大事，当然很需要仪式感。据五代蜀毛文锡《茶谱》记载，每年造茶时节，湖州、常州的两位州牧都要来到这里祭拜。造茶之处有一眼金沙泉，泉水甘美，"别著芳馨"。按张又新《煎茶水记》中引陆羽言，"茶烹于所产处，无不佳也，盖水土之宜"，本地水煮本地茶，水土两宜，自是最优选，就像龙井泉之于龙井茶、金沙泉之于唐贡茶，于是这金沙泉水后来也随茶一并被进贡了。州牧们在造茶前也会有一项"祭泉"仪式，说起来有点灵异色彩,这眼金沙泉处于沙地中,平常是没有水的,待开始祭泉,顷刻涌出泉水,之后随着造茶过程的进行慢慢减少,待修贡完毕,泉即随之干涸,待到来年再造,仿佛就是为贡茶而生的,不愧是"灵泉而特异"。

自两千里外来的江南贡茶,给大唐诗人们增添了口舌的新味和诗歌的灵感,一时咏贡茶的诗不可胜数。许多年后,迎来了开篇提到的卢仝。建贡焙是代宗大历年间的事,那时文坛上活跃着"大历十才子",其中卢纶曾为贡茶赋诗,而他正是卢仝的祖父。真是时光久远,好物流传。一天,担任常州刺史的好友孟简给卢仝寄来了当年下来的阳羡新茶,小卢饮毕,神思飘荡,走笔赋长诗一首:

日高丈五睡正浓,军将打门惊周公。
口云谏议送书信,白绢斜封三道印。
开缄宛见谏议面,手阅月团三百片。
闻道新年入山里,蛰虫惊动春风起。
天子须尝阳羡茶,百草不敢先开花。
仁风暗结珠琲瓃,先春抽出黄金芽。
摘鲜焙芳旋封裹,至精至好且不奢。

至尊之余合王公,何事便到山人家。

柴门反关无俗客,纱帽笼头自煎吃。

碧云引风吹不断,白花浮光凝碗面。

一碗喉吻润,两碗破孤闷。

三碗搜枯肠,唯有文字五千卷。

四碗发轻汗,平生不平事,尽向毛孔散。

五碗肌骨清,六碗通仙灵。

七碗吃不得也,唯觉两腋习习清风生。

蓬莱山,在何处?

玉川子,乘此清风欲归去。

山上群仙司下土,地位清高隔风雨。

安得知百万亿苍生命,堕在巅崖受辛苦!

便为谏议问苍生,到头还得苏息否?

这首诗原名叫作《走笔谢孟谏议寄新茶》,因为诗中写饮茶从一碗到七碗,又有"七碗茶歌"之名。正是由于这首诗,彼时年方十七八岁的卢仝晋升为后代敬仰的"茶仙"。饮茶一事的确是被小卢写得酣畅淋漓,飘飘洒洒,七碗茶毕,仿若腋下生风直上蓬莱仙山,何等美妙的体验，何等瑰奇的想象，后来"玉川子"（卢仝号）的"两腋生风"也成了苏东坡、黄庭坚等大诗人兼茶迷写茶诗时常常用到的典故。这里面，一句"天子须尝阳羡茶，百草不敢先开花"，成了阳羡茶的最强广告，彰显了它作为皇家贡茶的绝高地位，阳羡、顾渚一带也成为全国最高品质茶的"示范基地"，引更多爱茶人前来，如晚唐诗人兼农学家陆龟蒙，就在顾渚山下辟了一方私人茶园，自判品第，还时常与好友皮日休在一起品茶、吟咏。

不过凡事都有两面。卢仝《七碗茶歌》虽快意酣畅，末了笔锋却一转，疾呼"安得知百万亿苍生命，堕在巅崖受辛苦！便为谏议问苍生，到头还得苏息否？"茶被文人雅士视作良伴，但归根是浇灌百姓心血的经济作物，造贡茶虽让阳羡、顾渚茶进一步声名远扬，然而这皇亲和士大夫们的口腹之欲却给茶山人民带来了沉重的负担，更成为一些奸佞官员的逢迎之物。还有那"十日王程路四千，到时须及清明宴"的日夜兼程，也是一路劳民伤财。缘是，亦不断有一些正直爱民的父母官上书，直陈其弊，请减茶农之忧。阳羡茶、顾渚紫笋，就在这官与民、诗与农的浮浮沉沉中，在奔向长安的驿道上，度过了一百余年，伴随大唐王朝走到了气数尽头。

但故事还没有结束。四百多年后,它们将以新的面目重生归来。

岕茶：交夏时节，足称仙品

时间到了北宋，经蔡襄的推动，宋朝的贡焙之所从浙西顾渚山转移到了更南的福建建州，阳羡和顾渚二紫笋不免落寞了。很多东西落寞着落寞着就被淡忘，终消失在历史中，但也有些货真价实的好东西，在某些机缘下，又能被拂去暗尘，再现光彩。

明代开国皇帝朱元璋出身贫民，深知民间修贡疾苦，也没有文人雅士欣赏龙凤团饼图案、点茶斗茶的闲情逸致，遂下令废止了造团茶，也不设皇家贡焙，而是各地分头向朝廷上贡芽茶。徐献忠《吴兴掌故集》中记述道："我朝太祖皇帝"喜顾渚茶，如今定制岁贡止三十二斤，从此进茶轻省多了。这当然是为体现出"我朝"的爱民，但事实上也突破了福建茶在两宋时期的垄断，给予了宜兴、长兴茶复兴的机会——两县山岭中所产茶，始以"岕茶"之名行世，并再度问鼎其时第一等的天下名茶。不过不像当时主流茶纷纷从蒸青改为炒青，岕茶还保持着传统蒸青工艺，这是其区别于同行的一大特点。

岕是当地方言，意为两山之间，岕茶亦即生长在两山间空旷地带的茶，其中最有名的是罗岕茶。罗岕大约位于长兴顾渚山西边约十公里处，如今的罗岕村据说是因罗姓多住在这里而得名，尤以附近洞山出产的最佳。除此之外，县境交界处、宜兴茗岭山的庙前岕、庙后岕，也是时人常常好评的名优品种。《茶疏》作者许次纾认为，罗岕"韵致清远，滋味甘香，清肺除烦，足称仙品"，而"歙之松萝、吴之虎丘、钱塘之龙井，香气秾郁，并可雁行，与岕颉颃"，也就是说，其他这些名茶，都是能与"仙品"岕茶争一争高下的，此言倒是间接突出体现了岕茶的地位。而有趣的是，明代书画家、《小窗幽记》作者陈继儒在《书〈岕茶别论〉后》中却反向写道："昔人咏梅花云，'香

芥茶

穀雨後五日採的洞
山芥茶用熱水薄薄
瀹洗在壺裏多放一
會兒也會像玉一樣
白到了冬天則是鹼
綠色味甘色淡韻清
氣醇也是嬰兒肉香
而且香味更持久

中别有韵,清极不知寒。'此惟岕茶足当之。若闽中之清源、武夷,吴之天池、虎丘,武林之龙井,新安之松萝,匡庐之云雾,其名虽大噪,不能与岕梅抗也。"在他眼里,这些名茶好是好,但还是逊岕茶一筹的。当然,茶之品第排行,都是各家主观看法,但岕茶位列其时天下名茶第一梯队,是无疑的。

证明岕茶地位之高的,还有一个非常重要且明显的证据,那就是除了综论外,当时还涌现出好几种专门论述岕茶的茶书,除了上面那部陈继儒提到的《岕茶别论》(此书作者周庆叔,原书已佚,唯留后记),之后还有熊明遇《罗岕茶记》、冯可宾《岕茶笺》、周高起《洞山岕茶系》、冒襄《岕茶汇钞》等,现存足有五种之多,这是其他茶没有享受到的待遇。这些作者的身份来历,也很有意思:熊明遇是江西人,天资聪颖,二十二岁便中进士,随即授长兴知县一职,因此写《罗岕茶记》时也就是二十多岁;冯可宾情况相似,本身是山东人,中进士后任湖州司理,也因之和岕茶有了交集。两人都是地方长官,冗务之余能够为本地产茶写书,一来自然是出于爱茶之心,二来也颇尽官员对辖地的职责,如同今日县长亲自下场推广代言本地名优特产。周高起则是一位江阴籍的文史学者,除了《洞山岕茶系》,还有一卷《阳羡茗壶系》,详细记述了起源于阳羡、与好茶交相辉映的精美工艺紫砂壶。哀惜的是,周高起的人生结局很惨烈:清军来攻时,他遭到清兵勒索,然而其箱箧中除了图书翰墨别无他物,遂被横加拷打,他挺身抗暴呵斥对方,不幸遇害。他和熊明遇、冯可宾都是明末的人,目睹了甲申之变,见证了明朝的覆灭,先前留下的三部论岕茶的书,如今读来,那些采茶、制茶、藏茶、烹茶的精细工艺,不免如一个隔世的清梦,从侧面流露出某种往昔的情致,想来又唏嘘一层。

现在就来重温他们笔下的罗岕茶吧。雨前茶甚至明前茶,是我们一般认知中最占尽天时的上品好茶,罗岕却个性得很,传统上是"立夏开园",对茶这种"时辰草"而言,算是颇迟的一种了。许次纾在《茶疏》中认为,这是因为岕中之地稍寒,待夏采摘有其道理,甚至新近还出现了秋天七八月重新采摘的茶,也很是不错。但外来人熊明遇认为,立夏时候的茶已梗粗叶厚,微有"萧箬之气",也就是有点枯萎竹叶的气息,因此他认为,最好还是在立夏前六七日采摘,也就是谷雨后一周左右,此时如雀舌,最佳。冯可宾持类似观点，认为"雨前则精神未足，夏后则梗叶太粗"，须当"交夏时"采摘。几位虽意见有一点儿分歧，但总归都还是很有实事求是的实践精神，不一味拘泥于传统教条。但总之，因为整体摘得晚，枝叶微老，茶味本已较为厚重，若用当时主流的炒青制法，没办法炒软，反而会炒碎，因此芥茶采用了最适合自己的制法，也就是先蒸后焙。

冯可宾对制芥茶的程序有非常详细的说明：蒸茶要根据叶之老嫩来决定蒸制时间，以皮梗碎而色泛红为宜，过头了就会失其鲜，而且蒸甑里的水要勤换，因为热水会掩夺茶味。蒸好后，焙茶也相当讲究，先焙粗茶再焙上品，盖的帘子不可用新竹子，也是怕茶沾染了竹气。过程中要用大扇子轻轻摇，令火气旋转，摇的力度也要控制好，火太猛，有焦煳气，火欠了，色泽不佳。等梗骨都干透了，再用热炭微烘一夜，最后用干净瓷坛收藏起来。待到烹茶时，也有与别茶不同的特殊步骤，那就是洗茶：先用上品泉水洗涤茶具，再用竹箸夹着茶叶在热而不沸的水中洗涤，除去尘土、黄叶、老梗，以手搦干水后，抖散置入备用容器中，此时茶叶已色青香烈，旋即用沸水"泼之"。

这里还贴心地注明，夏天先注水再入茶叶，冬天反之，先放茶叶再注水。冯可宾还认为，茶壶最好是用小壶，一人一把，自斟自饮，这样香气不会涣散，不耽搁最佳赏味。

罗岕茶的流行，非常有"复古"的意味。有明一代，炒青代替蒸青，改变了中国茶的制作和饮用方式，是一个重要的飞跃。在这种流行风潮下，岕茶源于本身的特质，或也源于对往昔贡茶荣耀的一种坚守，固执地保留了古法，给明人的口舌增添了一丝来自遥远大唐的滋味，也算得一种新鲜享受吧。就像许次纾在《茶疏》里统论各类茶时，从采摘、制作到烹饮，均宕开一笔，格外论及"岕中制法"，可见其"非主流"的迥然特色，这本身就是一种吸引力。基于这些"非主流"，许次纾在书中提出合理怀疑："近日所尚者，为长兴之罗岕，疑即古人顾渚紫笋也。"但这话又须辩证来说。的确，从阳羡、顾渚紫笋到岕茶，其间地缘和工艺的传承是必然的，但在几百年时间里，斗转星移，茶如一切之物，完全岿然不动也是不可能的。前引陈继儒《书〈岕茶别论〉后》中便提到一笔，说岕茶受到明太祖知遇后，声价抬升，"既得圣人之清，又得圣人之时，第蒸、采、烹、洗，悉与古法不同"——最明显的不同，唐时的顾渚紫笋是串起来的蒸青茶饼，而岕茶虽也是蒸法，但其形态显然是当时主流的散茶。陈继儒还写道：有些"喃喃者"依然坚持陆羽《茶经》、蔡襄《茶录》的条文，以之为不可撼动的祖法。对此他评论道：真是令《岕茶别论》一书作者、茶事方家周庆叔"失笑"。传承中又与时俱进，延伸出新的发展，这当是宜兴、长兴两县茶在唐、明两代的关系。

那么岕茶到底是什么味道呢？熊明遇曾对苏州虎丘茶评价绝高，"色白而香似婴儿肉，真精绝"（茶色贵白，是当时追求的理念），但他接下来又说了，白也不难，如果是谷雨后五日采的洞山岕茶，用热水薄薄浣洗，在壶里多放一会儿，也会像玉一样白，到了冬天则是嫩绿色，味甘色淡，韵清气醇，也是"婴儿肉"香，而且香味更持久，这是虎丘茶所没有的。这里面或许也有某种替本邑茶辩护的"胜心"（陈师道语），但白、香，这两点当是被认可的。这一点，"茶淫"张岱能从侧面证明：《陶庵梦忆》里写到他和茶道大师闵汶水过招的趣事，他慕名去拜访闵汶水，后者请他喝茶，张岱视茶色，"与磁瓯无别，而香气逼人"，问是何茶。闵汶水有心试他，说是阆苑茶。张岱品啜后却表示，是阆苑制法，但味道不像，怎么觉得那么像罗岕呢？一语让闵汶水吐舌称奇，过后又给他拿来另一壶茶，张岱品后评鉴道，"香扑烈，味甚浑厚"，当是罗岕春茶，而刚才那壶是秋天采的罗岕茶。此等善鉴，赢得闵汶水激赏，势均力敌的高手诚如二人。这桩逸事里的岕茶，正是以白和浓香两个显著特点，打开了张岱的品茶"开关"。

但毕竟饮茶口味千差万别，如戏曲家李日华就会觉得，岕茶虽芬芳回甘，却"稍浓"，缺乏某种轻灵飘逸的"云雾晴空之韵"（《竹懒茶衡》）；相反，散文家陈贞慧却觉得其"色香味三淡"，初入口，"泊如耳"，一派淡泊宁静，一品再品才出滋味，甚至发出"淡者，道也"的升华启示来（《秋园杂佩》）。意见如此不同，倒也是有趣得紧。何以如此？一来，必是各人口味差异所致；二来，或许能从周高起《洞山岕茶系》一篇中领会一二。他把岕茶分为四品，其中第一品生老庙后，茶皆古本，每年只产不到二十斤，茶叶入水柔白如玉露，味甘，芳香藏于其中；第二品生新庙后等地，产量也不多，其香幽色白，味"冷隽"，比老庙茶薄一些，"清如孤竹，和如柳下"。周高起特别指出,今人往往以为岕茶"色浓香烈",这种观点"真耳食而眯其似也",意谓只是听从传言,未能仔细辨别。也就是说,在他看来,岕茶内部有所差异,有浓者亦有淡者,不能一概以浓烈来概括。或许,李日华和陈贞慧品饮的岕茶就是来自不同产地的细分茶种?

陈贞慧和冒襄、侯方域、方以智,并称晚明复社四公子,和熊明遇、冯可宾、张岱等人一样,同样见证了明王朝的悲剧性覆灭。清朝建立后,陈贞慧和冒襄(字辟疆)都选择了做遗民,而冒襄便是最晚一部关于岕茶的古代茶书《岕茶汇钞》的著录者——当然,他更为人熟知的是和两位秦淮名妓陈圆圆、董小宛的情感纠葛。与前几部不同的是,《岕茶汇钞》成书不在明朝,而在冒襄晚年,其时大约已是康熙年间,真是前尘后世,此身虽在堪惊。书如其名,内容主要就是将前人的几部岕茶茶书"汇"起来,并无新的干货,只是最后三段,冒襄以文人之笔讲述了几件有关岕茶的人与事,读之令人情动于中。他回忆道:四十七年前,有位姓柯的吴地人对阳羡茶山很熟,每到茶季都入山中采茶,用箬笼携来十数种送给冒襄,其中最精妙的茶,味老香深,"具芝兰金石之性",如此送茶持之以恒十五年。后来娶了爱妾董小宛，小宛是苏州人，喝的芥片必得来自苏州半塘顾子兼，但顾子兼的茶每年得先送到钱谦益夫人柳如是处，之后再送到冒襄和小宛处。可见除了男性文人，芥茶也深得名媛之心。据冒襄《影梅庵忆语》，董小宛性情恬淡，非常擅长厨艺，给冒襄做了许多独具匠心的精巧美食，自己却不怎么吃肥甘之物，每顿饭只是一小壶芥茶，佐以水菜几茎、香豉数粒足矣。可见芥茶对她的重要性，一壶茶不仅深刻参与着这个柔弱女子的日常生活，更支撑着她的生命。几十年后，经易代之乱，曾坚持送了十五年茶的老柯大概是不知所终，小宛则早已殁去，晚年冒襄写这些文字时，往昔细节依然历历在目，而眼下有人又给他捎来芥茶，他虽未明言，但不难猜想，睹物思人，芥茶对这个垂垂老矣的前明名士而言，如同串联起前尘后世生死茫茫的线索。一般的茶书都比较专业、正统和宏大，不怎么写及这些太私人的事，但之于冒襄《芥茶汇钞》，最后这几段看似多余的话才实在是点睛的一笔。茶本质只是大自然中的植物，只有和人的经验与情感联结起来，才成为文化，才成为我们心中的一方故园，荡漾着中国人难以言说的情愫。

冒襄是前明的遗民，大概也是岕茶最后的遗民了。清朝以后，以康熙、乾隆为代表的新兴统治者们更喜欢龙井、碧螺春这些更细嫩清香的茶，并推动了新的饮茶流行风尚，在此背景之下，不那么细嫩清香的岕茶便逐渐从历史中销声，走向沉寂。戏剧性的是，从阳羡、顾渚紫笋到岕茶的两起两落，都是跟统治阶级的爱好与推崇有关，真是"上有所好，下必甚焉"的最佳例证。

但还是那句话，货真价实的好东西，总能拂去暗尘再现光彩，二十世纪七八十年代，当地重新发掘传统资源，新制了顾渚紫笋和阳羡雪芽，又让这两款带着深厚历史气息的名茶，以年轻崭新的姿态出现在我们面前，如今更是可方便买到。尽管它们和曾经享誉天下的前辈并不能画等号，但，就像明代岕茶之于唐代贡茶，一地之茶如一地之人，一代有一代的发展，中国茶正是在充满智慧和汗水的持续发展中成就了其厚重的历史，成为一个丰富多样的大家庭。历史的云烟不会轻易消散，让我们一起期待吧。

茉莉花茶：花香入茶，深藏身与名

张爱玲有一篇叫《茉莉香片》的小说，讲一对香港青年男女及其父辈的情感纠葛，开头是这样的："我给您沏的这一壶茉莉香片，也许是太苦了一点……您先倒上一杯茶——当心烫！您尖着嘴轻轻吹着它。在茶烟缭绕中，您可以看见香港的公共汽车顺着柏油山道徐徐地驶下山来。"但就和"第一炉香"一样，"茉莉香片"也只是说书人的一个引子，你很快就陷落到故事的核心里，忘了那壶沏好的茉莉香片。是在读过小说很多年以后，才明白过来，名字洋气的茉莉香片，原来就是长辈们常喝的茉莉花茶。

小时候，茶都是大人们沏好后端上来的，于是很长一段时间都误以为茉莉花茶和菊花茶一样，是用一朵一朵干茉莉花制成的，想起来甚美。及至长大一些，亲眼看到了茶，才发现"画风不对"：外表看起来，和一般的绿茶好像也没什么两样，花倒是有，但都是残破瘦殒的花瓣，零星两点杂在其间。然而只消稍微凑近一些轻嗅，一股花香便浓烈地沁出来，直扑人面。不见花，空气里却处处有花，又在茶香中氤氲成新的气味。茶的醇香微苦，花的天香袭人，两相调和至绝美合一的境界，不觉感叹，茶与茉莉的搭配，真是人间之天才奇思。

先来说这花。我们从小到大听熟了的传统民歌《茉莉花》，"好一朵美丽的茉莉花，芬芳美丽满枝丫，又香又白人人夸"，曲子里溢满中国情调，让人常常误以为茉莉花是中国土生土长的原产花，但其实，它是不折不扣的舶来花。不过这也无怪，茉莉在中国的种植历史的确很悠久了，早在汉朝时便从印度、波斯等地传入中国南方，"茉莉"这颇有异国风情的名字便是由梵语而来的音译词，古籍中可见"末利""抹厉""末丽""没利"等多种写法。最有创意的是"抹丽"，音译外还结合意译，宋人张邦基

茉莉花茶

縭来的鮮茶經過窨製
一味茶相拌合理是
個茶然後吲程茶
一箇綑吞茶悶不悶地
吟吐香開茶
呀呐香氣直至
的納氣山自
香氣山含然
氣盡茶的
盡茶的精華
茶的氣味
醖此彩的氣味

在《闽广茉莉说》里解释这两个字,"谓能掩群花也",直是压倒群芳。如这篇文章所题,我国闽广一带,正是茉莉花进入中国后的主要种植地,因其地气候湿热,与这从热带来的花最为相宜。

中国人向来爱琪花瑶草,这西方传来的茉莉花,莹白清雅,又散发着一种特殊的芳香,既清新又馥郁,用写"滚滚长江东逝水"的杨慎的话说,是"清婉柔淑,风味殊胜"(《丹铅录》),意外合了东方的审美,自然为国人所倾心。中国现存最早的地方植物志《南方草木状》是西晋时的书,出自嵇康的侄孙、文学家兼博物学家嵇含之手,里面就已经写道:"耶悉茗花(素馨花音译)、末利花,皆胡人自西国移植于南海,南人怜其芳香,竞植之"。茉莉的芳香自古是招牌,一个"竞"字,看得出其受欢迎程度。到了讲求精致风雅的宋朝,人们对茉莉花的爱更是溢于言表,民间爱簪戴,诗人爱吟咏,姑娘们还会用彩线将它串起来做首饰。

以茉莉花入茶,也是从宋元时候开始有的。元代大画家倪瓒(倪云林)山水画得好,也精于饮馔,著有一部《云林堂饮食制度集》,这是一本蛮诱人的食谱,里面写到了橘花茶和茉莉花茶的制法：在汤罐子里铺花一层，铺茶一层，层层铺至满罐，盖好盖子，在锅里用浅水慢火蒸，放冷后开罐，剔除花后，将茶用纸包好，晒干即成。一百多年后，明朝茶人顾元庆的《茶谱》里提到的花茶与其制法类似，只是将层层铺满花和茶的瓷罐密封好后置于热水中煮，过后再用火焙干茶取用。不过《茶谱》一书更为人在意的是，里面详细谈到了花与茶的前期准备和具体拼配："木樨、茉莉、玫瑰、蔷薇、兰蕙、菊花、栀子、木香、梅花皆可作茶"，花呢，最好要摘"半含半放、蕊之香气全者"，并且要按量采摘，花和茶的比例一定要适当，不多也不少，否则"花多则太香而脱茶韵，花少则不香而不尽美"。比较合适的是"三停茶叶一停花"，也就是茶和花的比例为三比一。入茶的花种类多，也有技术总结，可见至彼时，人对花茶已经有了相当的认知，也已经积累了比较丰富的制作经验了。当然，不管是倪瓒还是《茶谱》，提到的花茶乃是通过蒸煮得来，与今天的窨制工艺大有不同。

屠隆的《考槃余事》里还提到茉莉花入茶的另一种小众饮法：取熟水半杯放冷，铺盖竹纸一层，纸上穿数孔。晚时采初开茉莉花，缀于孔内，上面再用纸封好，不使其泄漏气味。第二天早晨，取花簪之水，此水香可点茶。稍晚些，农学家王象晋的《群芳谱》里也提到类似的用茉莉花香来熏水的做法，这水拿去点茶，"清香扑鼻，甚妙"。说起来，这其实不是做茉莉花茶了，而是做"茉莉花水"，在水上下功夫，算是另一种思路，颇有《红楼梦》里妙玉采梅花上的落雪烹茶的风致。不过，在早期的制法里，不管是花茶还是花水，每次一小罐一小杯的，这产量看起来都高不到哪里去（倪瓒倒是精确写了，蒸一罐能做三四纸包茶），更多像是那些有闲情逸致之人的一种生活艺术。倒是终极的生活艺术家张岱曾成功实现了一定范围的量产，这便是日铸茶一篇中曾写到的兰雪茶的创制过程——张岱仿造松萝茶制法来新制日铸茶，为了得到最好的效果，他尝试在其中杂入茉莉，再三较量，终于得到别出心裁的上佳新品，一经推出，美名远扬，越州市场供不应求。

真正大批量、商品化的茉莉花茶制作生产，要到清朝咸丰年间，发源地和中心正是茉莉花的古来产地——福建福州。品牌化的福州茉莉花茶的诞生，据考证与明清时逐渐风靡起来的鼻烟有关。鼻烟也是外国传来的洋玩意儿，进入中国后颇受皇家喜爱。上好的鼻烟还会选用茉莉、玫瑰来熏制烟叶以增加香气，因福州长乐盛产茉莉花及茉莉香精，烟草商人们便纷纷选择将鼻烟运至此地进行窨制加工，再运往北方销售，很受欢迎。长乐当地就有精明的茶商从中汲取灵感，尝试用茉莉花来窨制绿茶，果然，花和茶产生了奇妙的化学反应。拿到市场上，这香气扑鼻、风味独特的花茶新品一炮而红，尤其是京城人士，对其格外青睐有加。于是大量北方茶商云集福州设厂，将安徽、江西等地的烘青绿茶运抵福州，再将在这里窨制好的茉莉花茶源源不断运往京城。很多年里，茉莉花茶都力压群雄，高居北京人最爱喝的茶之榜首，直到今天亦如是。

关于北京人为何钟爱茉莉花茶，本身倒是个挺有意思的问题。解释有很多，听来多少都有些道理。譬如有说，慈禧太后爱茉莉香气，最好这一口茶，亲自代言，大力推举，京城权贵纷纷追慕，饮福建正宗茉莉花茶蔚然成风。又有说，北方水质硬且涩，于茶而言自是先天不足，而茉莉花茶的芬芳浓郁之香气，恰能对此予以中和与掩饰。还有说，老北京人素有泡茶馆的习惯，茉莉花茶耐泡、香味持久,最适合那些一泡一天的普罗大众……总归,正如世间一切,一种现象必来自天时地利人和诸般因缘的综合,终而呈现在我们面前的,已是这样一种奇妙的结果。哪个来北京漂泊的文人,没被招待过一杯茉莉花茶?哪个北京孩子,从小没从祖父祖母的杯中嗅到过那股馨香的花香茶气?茉莉花茶,已然深深融入了北京的城市文化记忆之中。

汪曾祺就曾在文章里写,北京人爱喝花茶,以为只有花茶才算是茶,"我不太喜欢喝花茶(汪曾祺是江苏高邮人),但好的花茶除外,比如老舍先生家的花茶"。所言不虚,老舍是最地道的北京人,当然像最地道的北京人一样嗜饮茉莉花茶,他还会上冰心家讨茶喝,真是行家了——冰心正是福州长乐人,有第一手的最好的花茶。冰心也曾多次自豪地为这源自故乡的美茶代言,看看她这文字,"茉莉花茶不但具有茶特有的清香,还带有馥郁的茉莉花香……一杯浅橙黄色的明亮的茉莉花茶,茶香和花香融合在一起,给人带来了春天的气息。啜饮之后,有一种不可言喻的鲜爽愉快的感受,健脑而清神,促使文思流畅"(《茶的故乡和我故乡的茉莉花茶》),简直能不加修改地直接搬进广告词。文人故乡的茶,总有这样一种近水楼台的幸福特权。自诞生起至二十世纪末的很长时间里,福州都是茉莉花茶最主要的产地,后来虽然由于市场、城市发展等种种原因有所衰落,产地大量转移向四川、广西等地,但其鼻祖地位是谁也不能撼动的。

茉莉花茶的制法,叫"窨制"。第一次知道"窨"这个字,还是十来岁时从康师傅茉莉清茶的广告上。印象中这是国内最早的一批茶饮料之一,主打绿色健康,从一众碳酸饮料中脱颖而出(当然现在看来糖分也不低),"花清香茶新味"是萦绕在许多人脑中的广告语。和这句话一起出现的,还有"窨制"这个词,"窨"字不认识,当时还特意去查了字典,也搞不清到底念 xūn 还是念 yìn。其实这是个专门的福建方言词,意思便是以花熏茶,茶染上花的香气。茶呢,一般选用鲜爽的烘青绿茶,也有少量用乌龙茶的,事先通过干燥、冷却,使其温度、水分达到吸取花香的最佳程度。花呢,因为茉莉花是在傍晚和晚间开放的(正如词人柳永细致观察到的,此花"出尘标格,和月最温柔"),为了达到最佳效果,一般在晴好的午后采摘,这时的花尚是将开未开之状,口微张,含着满腔幽香,正待喷薄。摘来的鲜花经过处理，和茶相拌和，就要开始"窨"的过程了。这是一个奇妙的过程，花随着绽开不间断地呼吐香气，茶不间断地吸纳香气，直到花的香气泄尽，自身凋萎，茶吸尽花的精华，酿出新的气味。残花虽美，却不能长久地留在茶中，否则茶会产生腐败的气味，因而要在最恰当的时候将花筛出来。品质好的花茶，一共要反复经历多次这样的窨提过程。

"事了拂衣去，深藏身与名"，茉莉花，就这样在窨茶过程中完成了它作为奉献者的使命。奉上来的茶汤中，无它的踪影，却有每一朵花留下的每一缕香。这实在是造化和人工共同的赐予，那自然生命的本真，与人的智慧，在其中合为一体。

除了茉莉，传统上玫瑰、菊花、桂花、白兰花、珠兰花等皆能入茶，这些年还不断有新创制的诸种花果茶高调出现在街头饮品店的招牌上，深受年轻人追捧，成为新的饮茶风尚。饮茶"原教旨主义者"也许会严格奉行"茶有真香，有佳味，有正色"的原则，拒斥在里面添加其他材料，以免香味色被夺被掩，这确是一种"正宗"饮法。但另一方面说，中国茶本身就是不断试验的结果，从蒸青到烘青、炒青，从团茶到散茶，从绿茶到黄茶、乌龙茶、红茶，每一点细微的变化，都酝酿出前所未有的香、味、色，促成一次次推陈出新，一如这个古老国度，因兼容并包而经久不衰。茶之味，远未品尽。

正山小种：红如玛瑙，客必起立致敬

中国的茶文化自"茶圣"陆羽始，其《茶经》一出，不但轰动全唐，而且流芳千古。不过，传言中，晚年的陆羽，在一次高手间的"PK"后，又写下了一部《毁茶论》，似乎是想推翻那个"昨日的自己"。

《毁茶论》已散佚失传，真假难辨，这段茶闻逸事却经由史书流传了下来：御史大夫李季卿宣慰江南，到达临淮的时候，听说有一位著名茶人常伯熊擅长煮茶，便赶紧把他请了过来。常伯熊应该算是陆羽的一位"迷弟"，他在陆羽茶论的基础上做了不少润色，增强了茶道的趣味性和观赏性。

常伯熊着华服、携美器翩然而至，不仅能言善道，动作也行云流水，令李季卿十分满意。及至江南，又有人向李季卿推荐了陆羽。陆羽来时穿着山野村夫的服装，提着比较粗糙的茶具直接登门，煮茶的程序也和常伯熊的差不多，但少了些精致和优雅。李季卿心里不大瞧得上陆羽，便没有什么过多的表示和礼遇，只打赏了他三十文钱。这让陆羽颇感痛愧与羞辱，回去便写了《毁茶论》，意在反对世上渐起的争新斗奇之茶风。

到了宋朝，斗茗早已成为社会时尚。而周必大在写给陆羽之"云孙"陆游（陆羽本是弃儿，陆游未必是陆羽的后裔，称"云孙"乃是陆游追慕前贤之意）的诗中，又提起了陆羽"毁茶"一事：

暮年桑苎毁茶经，应为征行不到闽。
今有云孙持使节，好因贡焙祀茶神。

南宋淳熙五年（1178）的春天，入蜀九年、已经五十四岁的陆游被朝廷召回京城临安（今杭州），宋孝宗

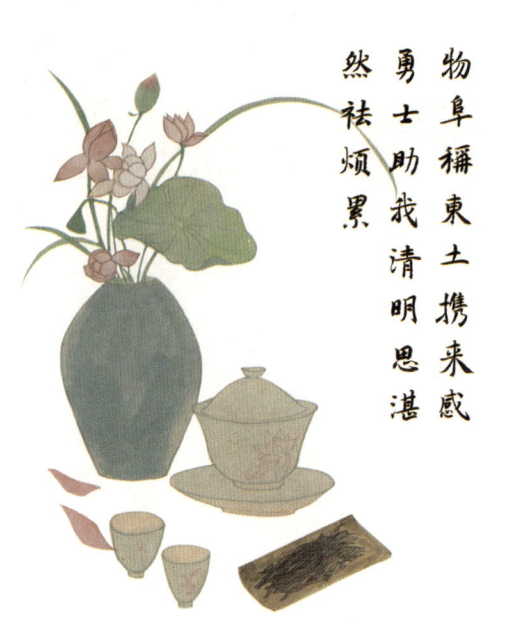

正山小種

物阜稱東土，攜來感
勇士，助我清明思，湛
然祛煩累

给了他出蜀东归后的第一个职位——提举福建路常平茶盐公事。陆游使闽，好友周必大在诗中感慨道："遥想起来，陆羽之所以会写《毁茶论》，都是因为他没有像你一样，能够有机会去到福建。"

陆羽到底有没有来过福建难以知晓，相传《武夷山记》是陆羽晚年慕名来到武夷山所作的，不过，在写作《茶经》的时候，陆羽明显对"生福州、建州、韶州、象州"的岭南茶还了解得不多，仅用"往往得之，其味极佳"便一笔带过。及至宋代，建茶（福建省北部建瓯周边产茶）已逐渐取代了阳羡（今江苏宜兴）、顾渚（今浙江长兴）的贡茶。质量好是其原因之一，也有气候变化的缘故。宋代常年的平均气温比唐代要低2至3摄氏度，这样一来，阳羡一带的贡茶便赶不上朝廷清明的郊祭了，而气候相对温暖的建州则更适合在三月产出新茶。"建安三千里，京师三月尝新茶"，受到上天眷顾的闽地，就这样逐渐成为中国茶叶生产的重心。

闽茶中诞生过不少传奇，比如曾在宋代奢丽一时、冠绝天下的蒸青饼茶"龙团凤饼"。团饼面上不但印有特制的龙凤模印，还会涂抹珍贵原料制成的香膏。其工序之繁，品质之高，包装之奢，令欧阳修在为官多年后终于得到宋仁宗赏赐的一块龙团凤饼时，不禁泪眼婆娑，深为珍藏。

意外的发明

如果说宋代的建茶只是技艺上的辉煌灿烂，那么红茶于福建诞生，则是一场世界范围内的颠覆性的革命。

最早提及"红茶"这一名称的，是成书于明朝的《多能鄙事》。书中记有"兰膏茶"：

> 上等红茶研细，一两为率。先将好酥一两半溶化，倾入茶末内，不住手搅。夏月渐渐添水搅。……务要搅匀，直至雪白为度。

这里虽然提到了"红茶"，却令人生疑，因为红茶红叶红汤，不可能会出现"雪白"的现象。我们现在认识的红茶属全发酵茶，而茶叶的发酵技术于明末清初才在福建武夷山正式出现。

这场新的技术变革,包含在中国茶的总体变革中。明朝初年,为减轻民间负担,开国皇帝朱元璋下诏"罢造团茶""改贡芽茶"。由此,直接撮泡的散茶取代饼茶成为延续至今的饮茶主流,更适合散茶冲泡和品饮的炒青技术也渐渐正式取代蒸青,成为中国绿茶的主要杀青方法。武夷茶本来一向延续古法,以制作精致的龙团凤饼茶著称,朱元璋一声令下,这一传统或者说束缚被解除了。对于武夷茶来说,不可避免会经历一阵迷茫与低潮期——是大势所趋也是因祸得福,散茶工艺因此迎来了前所未有的发展。

当时,各地茶区纷纷效仿的是安徽松萝茶。松萝茶是早期炒青绿茶的名品,代表着当时最先进的炒青制法,故而风靡周边。武夷山自然也紧跟潮流,和其他茶产区一样,引入了松萝茶的制法。只是,效仿过程中,似乎出了些意外。

明陈继儒《太平清话》中记了这样一段:"武夷屴崱、紫帽、龙山皆产茶。僧拙于焙,既采,则先蒸而后焙,故色多紫赤,只堪供宫中浣濯用耳。近有以松萝法制之者,即试之,色香亦具足。经旬月,则紫赤如故。"说的是当地一些僧人不善于焙茶,学松萝法制茶,做好的茶起初还色香不差，没过多久，竟变成紫红色的。因此有种说法推测，这是武夷山当地人在学习松萝制茶不得法之际，偶然形成了发酵技术，并由此孕育了后来的红茶和半发酵的乌龙茶。

世界公认的红茶鼻祖，是诞生于武夷山的"正山小种"。听起来很像"地名+形态"的惯有格式，但其实"正山"并非某座山的名字，而是正确、正宗之意，"小种"指的是茶树品种为小叶种。按福建地方口音，又唤作拉普山小种（Lapsang Souchong），意为"松材熏过的小种红茶"。

正山小种的起源至今成谜，在民间传说中，红茶的出现也源于一场意外：明末某年，正值春季采茶季节，一支北方军队路过武夷山星村镇桐木村，驻扎在一家茶厂，睡在茶青上。军队离开后，茶厂老板发现茶青因受压受热而全部发酵变味，心急如焚，赶紧把茶叶揉搓后用锅炒，并用当地盛产的马尾松木柴熏烤烘干。

这烘干后的茶叶，乌黑油润，还带着一股松脂香味，颇为"另类"。贩售之时原本被视为"废茶"，不料这种茶因为意外发酵而去除了茶本有的苦涩之味，第二年便有人专门以高价订购该茶,先是运往荷兰,传入英国后,又获得了英国人的青睐,在英国贵族中掀起了一股强劲的"红茶风"。

墙内开花墙外香

上大学的时候,我曾短暂地赴英国交流学习了一段时间。临行前,家人担心我水土不服,硬是往已经很"充实"的行李里又塞了两袋绿茶——没记错的话应该是"庐山云雾"。其中一袋在热水的作用下,陪我熬过了许多个赶作业的漫漫长夜,还有一袋则被我当作礼物送给了一位非常亲切的授课老师。尽管当时她极力表现出惊喜与礼貌,但如今回想起来,送英国人绿茶,确实还是有点儿别出心裁的不恰当。

绿茶传到外国的历史比红茶早,但因其味"苦涩",远不及后来的红茶受欢迎。早期尝过绿茶的利玛窦曾不无疑惑:"中国人为何要自讨苦吃?"绿茶的甘美需要细细回味,红茶则不同,它色彩热烈,晶莹剔透,芬芳馥郁,特别是"正山小种"红茶,带有一股浓郁的枣糖、桂圆香,可单饮，也极适合加入牛奶制成奶茶。1610年，荷兰东印度公司首次从厦门采购正山小种，经印尼转销欧洲国家，一传到英国即风靡开来。

按理说，红茶当年同样传入了欧洲的其他国家，如法国、德国、意大利等，为什么就偏偏席卷了英国，被独尊为皇室专用饮料呢？——也许，与有啤酒文化的德国、有红酒文化的法国相比，在食物方面乏善可陈的英国本土是真的很缺乏饮料文化吧。

顺治元年（1644），英国在中国福建厦门设立了采购茶叶的专门机构，直接和武夷茶对接上了。英国最早以"Cha"来称呼茶，后来又依厦门方言，称茶为"Tea"，称最好的红茶为"Bohea Tea"，"Bohea"就是"武夷"的方言译音。武夷茶早期就是正山小种在国外的称呼。此时的东方茶叶，仍是有些神秘的，直到"饮茶皇后"凯瑟琳的到来，才正式开启了英国的饮茶风尚。

凯瑟琳是葡萄牙公主，1662年嫁给英国国王查理二世，据说她的嫁妆中就有来自武夷的正山小种。她在英国皇室提倡饮茶，还在婚礼上频频举起"盛满红汁"的高脚杯回谢王公贵族们的祝贺。

在皇后的带动下,喝红茶成了英国皇室家庭生活的一部分,宫廷中开设了气派豪华的茶室。皇后如此,上层妇女怎能不群起效仿?她们也在家中特辟茶室,以示高雅、阔绰与时髦。在凯瑟琳出嫁一年后的二十五岁诞辰上,诗人埃德蒙·沃勒(Edmund Waller)还热情赋诗一首,赞美茶饮之妙,这首"On Tea"(《论茶》)也成为第一首英文茶诗,译成中国古体诗如下:

> 花神宠秋色,嫦娥矜月桂。
> 月桂与秋色,美难与茶比。
> 一为后中英,一为群芳最。
> 物阜称东土,携来感勇士。
> 助我清明思,湛然祛烦累。
> 欣逢后诞辰,祝寿介以此。

后来许多欧洲的诗人、文学家的作品中,都留下了饮茶的诗篇。十八世纪著名的文学家约翰逊博士写道:"以茶来盼望着傍晚的到来,以茶来安慰深夜,以茶来迎接早晨。"法国著名作家佩蒂特也发表过一首题为《中国茶》

的五百六十节的崇茶长诗。有的诗歌还把茶叶的名字写得很清楚。英国诗人爱德华·扬写道:"两瓣朱唇,薰风徐来,吹冷武夷,吹暖郎怀。"拜伦在《唐璜》中感慨:"我觉得我的心儿变得那么富于同情,我一定要去求助于武夷的红茶(Black Bohea)。"英国的自由党人则以"茶叶色色,何舌能别?武夷与贡熙,婺绿与祁红;松萝与工夫,白毫与小种;花熏芬馥,麻珠稠浓"的诗句,讽刺政敌生活奢靡。

可以看出,红茶在欧洲的传播也不是一帆风顺的。茶俗风靡,当饮茶的社会活动在欧洲进一步扩大,贵妇人终日沉湎于茶会,也引起过人们的不满和对饮茶的抨击。1701年,欧洲最早掀起饮茶之风的荷兰上演了喜剧《茶迷贵妇人》,是对当时饮茶引发社会风波的生动写照,有趣的是,这部喜剧又在客观上推动了饮茶在欧洲的流行。种种争论非议直到十八世纪中叶以后逐渐落下帷幕,茶叶的作用与地位才在西方被正式确立。

在英国,武夷红茶的热度更是不可想象,民国《崇安县新志》记载:"英吉利人云,武夷茶色红如玛瑙,质之佳过锡兰、印度甚远,凡以武夷茶待客者,客必起立致敬,其为外人所重视如此！"

红茶自正山小种始，作为一款名茶，正山小种有过辉煌，也经历过低谷。后来的正山小种有越来越多的创新，比如带有乌龙味的正山小种——香气上有岩茶气息，入口又是明显的桂圆味；还有一种芽毫明显的正山小种，虽同出桐木关，却一改面貌，结合了花香、蜜香、果香、薯香综合香型，这就是2005年后名扬全国的"金骏眉"。

闽茶之骨：气味芳烈，较嚼梅花更为清绝

岩以茶显　茶以岩名

平日里，不止一次听到过这样的说法：武夷山的正山小种是世界红茶的鼻祖，但武夷人，乃至福建人，更多的还是喜欢岩茶。一杯岩香醇厚的茶，是闽地同胞在外畅叙旧情时饮下的乡愁之水。

"茶圣"陆羽说，茶叶"上者生烂石，中者生砾壤，下者生黄土"。武夷山属丹霞地貌，多悬崖绝壁，岩奇冷峻，溪流纵横。当地人利用石缝、石隙、岩石凹处种茶。

岩岩有茶，岩以茶显，茶以岩名，故名岩茶。清代乾隆年间学者董天工编撰的《武夷山志》有对（武夷）岩茶概念的最早记载："茶之产不一，崇、建、延、泉随地皆产，惟武夷为最。他产性寒，此独性温也。其品分岩茶、洲茶，附山为岩，沿溪为洲，岩为上品，洲次之。"茶在山者为岩，在地者为洲，以岩为尊。

今日的武夷岩茶属乌龙茶，或为乌龙茶的始祖。乌龙茶，亦称青茶，是介于绿茶与红茶之间的另一种半发酵的茶种，具有"绿叶红镶边"的特征。

乌龙茶与红茶类似，都是茶叶在制作的过程中经发酵而形成的新茶种，只不过发酵程度不同。按茶学家庄晚芳先生的观点，乌龙茶的来源应是宋代建州北苑龙凤团茶：采茶季节，因地势崎岖，鲜叶要采一天，到了晚间才蒸制，而这时在筐内摇荡积压了整整一天的茶叶已经发生了部分红变，究其实质已属于半发酵。

苏轼有一首著名的咏茶词《水调歌头》，里面详细描写了建溪龙凤团茶的制作和品饮过程：

> 已过几番雨，前夜一声雷。旗枪争战，建溪

武夷巖茶

飲後齒頰留香久有
回甘別具一種山川
精石的硬骨與秀氣

春色占先魁。采取枝头雀舌，带露和烟捣碎，结就紫云堆。轻动黄金碾，飞起绿尘埃。

老龙团，真凤髓，点将来。兔毫盏里，霎时滋味舌头回。唤醒青州从事，战退睡魔百万，梦不到阳台。两腋清风起，我欲上蓬莱。

这首词里有很多有趣的茶典，比如"青州从事"指好酒，唤醒青州从事，谓茶能醒酒之意。又比如"两腋清风"，化自有茶之"亚圣"之称的中唐诗人卢仝的诗句，形容好茶给人的飘然若仙之感。作为北宋御焙的建茶当然也是如此了，新采的叶子蒸得热气腾腾，捣碎后结成"紫云堆"——有人注意到，即便是文学性的表达，这"紫"也有些异样，于是据此认为，可能指的就是半发酵后叶子红绿参半的颜色。

正山小种一篇中曾写过，唐宋时期，武夷山以饼茶闻名，明以后，建州北苑龙凤团茶被罢贡，作为散茶的武夷茶取代了北苑茶。清初布衣文士王草堂的《茶说》里，详述了武夷茶不同于其他茶的制作工艺：

武夷茶，茶采后，以竹筐匀铺，架于风日中，名曰晒青，俟其青色渐收，然后再加炒焙。阳羡岕片，只蒸不炒，火焙以成；松萝、龙井皆炒而不焙，故其色纯。独武夷炒焙兼施，烹出之时，半青半红。青者乃炒色，红者乃焙色也。茶采而摊，摊而摝（摇之意），香气越发即炒，过时不及皆不可。既炒既焙，复拣去其中老叶、枝蒂，使之一色。

这里写得很清楚，此时的武夷茶已不同于阳羡岕茶（蒸青绿茶）和松萝、龙井（炒青绿茶），而采用"炒焙兼施"之法，炒与焙分别赋予成茶以半青半红的色泽。文中详细叙述了晒青、摇青、炒青、烘焙这几个重要步骤，可以看到，这已经是典型的乌龙制法了。因《茶说》成书于清初，那么可以推测，乌龙茶的工艺很可能在明末就已形成了。

晚甘侯，君子人也

北宋时期的茶人宋子安曾在《东溪试茶录》中论建安茶，说建安（今福建建瓯）一带"山川特异，峻极回环，势绝如瓯。其阳多银铜,其阴孕铅铁;厥土赤坟,厥植惟茶",又提到"茶宜高山之阴,而喜日阳之早"。武夷山峭、岩壑多、雾重、日照短,恰同时拥有"清晨之阳"和"高山之阴",岩茶就生长于这些溪坑岩壑之间,有的在半山腰,有的在深涧底,有的附于峭壁,有的夹在石缝,依山附岩,郁郁葱葱。

乌龙茶武夷岩茶的前身,是尚未"进化"、仍属于绿茶的武夷岩茶,历史最早可以追溯到南北朝时期。唐代散文家孙樵曾给一位焦姓刑部官员送茶,在书札中交代道:

> 晚甘侯十五人,遣侍斋阁。此徒皆请雷而摘,拜水而和,盖建阳丹山碧水之乡,月涧云龛之品,慎勿贱用之。

这里"晚甘侯十五人"的说法很可爱,用了拟人化的笔法,其实说的是"十五块茶饼"。"晚甘",意为茶叶虽苦,品后随之而来的却是甘香沉馥;"侯"是对侯爵的尊称。孙樵这封信的意思就是,我派出十五位产于"建阳丹山碧水之乡"的"晚甘侯"去侍奉您老人家,还望您细细品味,莫辜负了天地灵物。"丹山碧水"不是笼统的说法，而是南朝作家江淹（就是"江郎才尽"典故里的青衫客）对武夷山的赞语。山以"丹"形容，很是特别，这是由于武夷山所在乃特殊的赤色丹霞地貌之故。武夷山区跨建阳县，故得此名。因此孙樵写得清清楚楚，送您的这"晚甘侯"是武夷山所产珍品。后来，"晚甘侯"这一独属于武夷岩茶的美称便沿用了下来。

苏轼也为武夷茶立传，写下了一篇别出心裁的《叶嘉传》。和孙樵一样，好开玩笑的苏轼也将武夷茶拟人化，起名叫"叶嘉"，意为茶叶嘉美：

> 叶嘉，闽人也，其先处上谷，曾祖茂先，养高不仕，好游名山，至武夷，悦之，遂家焉。

这位"叶嘉"是福建人，其曾祖来到武夷山定居，死后葬郝源，后代为郝源民。"郝源"即壑源，离北苑仅一山之隔。叶嘉年少练就"一枪一旗"，外出游历时见到陆羽，陆羽啧啧称奇，为他写下行录。有建安人将此行录奉给皇上，皇上读后，心向往之。这建安人介绍说，我的同乡叶嘉"风味恬淡，清白可爱"，"虽羽知，犹未详也"——《茶经》中对福建茶的记载确是"未详"，只是"往往得之，其味极佳"，这大概和唐时交通不便，陆羽难得亲赴游历有关，这里却蓦然显出叶嘉的山中高士风来。皇上于是召叶嘉入京，见其果有龙凤之姿，让他做官，中间竟然还卷入政治斗争，经历几落几起。不难看出，叶嘉的经历，正是苏轼自己的经历，苏轼是以茶自况。文章写得非常巧妙，叶嘉"容貌如铁，资质刚劲"，不畏砧斧鼎镬，宣称只要有利生民，粉身碎骨不辞。这是借团饼茶须敲碎再碾磨成粉的饮法，来比喻茶与人的高格。

传记最后赞道："今叶氏散居天下，皆不喜城邑，惟乐山居。氏于闽中者，盖嘉之苗裔也，天下叶氏虽伙，然风味德馨为世所贵，皆不及闽，闽之居者又多，而郝源之族为甲。"意思是说，天下的"叶氏族人"虽多，然而馨香的言行品德，最为世人所珍贵的，都不及福建的叶家人。福建的叶氏族人也很多，其中最优秀的又当推在"郝源"（壑源）的那一族。

壑源茶一向也为茶人所珍爱。元祐五年（1090）春，时在福建任转运判官的曹辅就给老朋友苏轼寄来了一些壑源山上的新茶，苏轼品尝了壑源茶后，诗兴顿起，作了一首《次韵曹辅寄壑源试焙新茶》表示谢意：

> 仙山灵草湿行云，洗遍香肌粉未匀。
> 明月来投玉川子，清风吹破武林春。
> 要知冰雪心肠好，不是膏油首面新。
> 戏作小诗君勿笑，从来佳茗似佳人。

恰如苏轼"欲把西湖比西子"的神来之笔，"从来佳茗似佳人"句一出，古今所有关于茶的比喻也顿时显得有些黯淡无光了起来。正如《叶嘉传》中赞叹茶叶品行高洁，意志坚定，他以"佳人"喻茶，既说茶如佳人美好，也暗指自己有贤良的君子品德，真是既含风流，又蕴风雅。苏东坡写过很多首茶诗，但往往并不只是在写茶，而是在托物言志，乃至抒发政治观点，不过从中依然能看出他对建茶十分珍爱，谓其有"君子性"。

苏轼之后，清人蒋衡也专门为武夷岩茶立了一篇《晚甘侯传》，在孙樵起名"晚甘侯"之后，继续为它取名取字：

> 晚甘侯，甘氏如荠，字森伯，闽之建溪人也。世居武夷丹山碧水之乡，月涧云龛之奥。甘氏聚族其间，率皆茹露饮泉，倚岩据壁，独得山水灵异，气性森严，芳洁迥出尘表……大约森伯之为人，见若面目严冷，实则和而且正，始若苦口难茹，久则淡而弥旨，君子人也。

"甘如荠"和"森伯"是蒋衡为武夷岩茶起的姓名和表字。"甘如荠"典出《诗经·邶风·谷风》："谁谓荼苦？其甘如荠！""森伯"则是出自宋朝陶谷《荈茗录》中对茶的称呼，可谓匠心独运。蒋衡是瓯宁（属今福建建瓯）本地人，他此时所见所饮的武夷岩茶，应该已有乌龙茶制作技术，比起前身绿茶来，更加醇厚而温和。在他笔下，拟人化后的武夷岩茶形象也是这样一位"君子"：面目森严，内在却温柔、端方、善良。

岩茶大红袍：满树艳红似火袍

自古以来，最为嗜茶者推崇的武夷岩茶，来自天心、慧苑、天游、幔陀、碧石、竹窠、兰谷、庆云等名岩。唐代徐夤盛赞武夷岩茶"臻山川精英秀气所钟,品具岩骨花香之胜"。范仲淹《和章岷从事斗茶歌》中也写道:"年年春自东南来,建溪先暖冰微开。溪边奇茗冠天下,武夷仙人从古栽。"明罢团茶改散茶后,武夷茶中的探春、先春、次春、紫笋等,成了现代岩茶的前身。

武夷岩茶也不是一种,依岩细分,名目众多、五光十色,比如天心岩的大红袍、佛国岩的金锁匙、幔陀岩的半天妖、慧苑岩的白鸡冠、兰谷岩的水金龟等等。

武夷岩茶中的第一名丛,声名最为显赫的当属"大红袍"——尽管它常因这个名字被饮茶者误以为是红茶。不过,只要尝过一次大红袍,应该便不会记错了,因为它的"岩韵"极浓,香高味醇,直冲口鼻,不愧"岩茶之王"的美誉。如今我们常人也能品尝到"大红袍",还得感谢几十年前大红袍人工繁殖的成功。在这之前,大红袍的产量极少,每年仅有八两到一斤,因此格外珍稀。

相传大红袍在明末清初时即有采制,有关它的母本所在地,则有不同的说法。与蒋介石过从甚密的蒋叔南在其游记中说:"如大红袍,其最上品也,每年所收天心寺不满一斤，天游观亦十数两耳。"除了天心、天游二岩，还有珠廉洞、北斗峰二地也可以采集到大红袍。现在一般主要以长在天心岩九龙窠悬崖上的六株茶树为大红袍的"正统"母本，崖壁上还刻了"大红袍"三个字。

"大红袍"名字别致，关于其名的由来，有许多传说。有的说是因茶树生于悬崖绝壁上，人无法上去，只好驯养猴子穿着红衣攀上茶树，方能采下。还有一种说法是，清代有一位县官久病不愈，天心寺的和尚采得此茶献给县官，饮用数次，病即痊愈。于是县官视茶树为神明，敬香礼拜，披红袍于其上，故得名。两种说法互不相干，甚至有矛盾处，所以姑且听之。此外还有其他的一些传奇说法。从中倒是可以看出，民间对于茶叶药疗的作用十分推崇，许多茶之传说都与治病有关。

褪去传说的面纱，大红袍应是得名于其嫩叶上的一抹紫红。每当早春时节，幼芽勃发，满树艳红似火袍。大红袍的植株是灌木型，叶片小，为武夷岩茶的变种，芽叶细小而厚，稍显紫色，发芽迟，萌芽轮次少，所以产量低，但品质极佳，据说将其制成乌龙茶，甚至在技艺上都无需过多讲究，即能制成名茶。

岩骨花香品工夫

各地名茶各有风韵,有的香甜鲜爽,有的味醇香郁。岩茶的本事也不小,它久贮不变,性和不寒,汤色金黄,极其耐泡,有"岩骨花香",有"岩韵"。什么叫"岩骨""岩韵"呢?具体一点儿形容,就是尝起来兼有绿茶和红茶之长,饮后齿颊留香,久有回甘,别具一种山川精石的硬骨与秀气。

清代的著名诗人袁枚是钱塘(今浙江杭州)人,长年惯饮的是水清茶绿的雀舌、旗枪,据说他曾遍尝了天下名茶,原本对武夷茶没有好感,嫌其浓苦如药,后来却大为改观。他在《随园食单·茶酒单》中,细细写了这一段对武夷岩茶的知赏经历:

> 余向不喜武夷茶,嫌其浓苦如饮药。然丙午秋(乾隆五十一年,公元 1786 年),余游武夷,到曼亭峰天游寺诸处,僧道争以茶献,杯小如胡桃,壶小如香橼,每斟无一两,上口不忍遽咽,先

嗅其香，再试其味，徐徐咀嚼而体贴之，果然清芬扑鼻，舌有余甘。一杯之后再试一二杯，令人释燥，移情悦性……

因一次亲自前往武夷山旅游，饮了僧道泡的岩茶后，袁枚才突然察觉了岩茶之妙："始觉龙井虽清，而味薄矣；阳羡虽佳，而韵逊矣。颇有玉与水晶，品格不同之故。"于是终于承认"武夷享天下盛名，真乃不忝"，可以烹煮至三次而味犹未尽。从《茶酒单》可以看出，袁枚喜欢以"吾乡龙井"为坐标来比照其他茶，经历了这一次武夷山之旅，反倒以岩茶为坐标来观照了，与岩茶的浓香耐泡相较，龙井、阳羡倒稍显"味薄""韵逊"了。

林则徐的同窗好友梁章钜是福州人，游武夷时宿天游观，与静参羽士夜夜谈茶，对茶有精辟的见解，静参将茶的品第分为"活、甘、清、香"四等。岩茶的"岩韵"也在于这"活、甘、清、香"，在于"舌本常留甘尽日"，在于大自然的"宝气"——也许并不能用语言直观地描绘出来。"清香至味本天然，咀嚼回甘趣逾永"（乾隆《冬夜煎茶》），茶之味需要不间断地去体会、用心去感知。

据说，人饮茶的口味会随着年龄的增长而变得越来越重。年轻的时候爱清淡的绿茶、香甜的红茶，也许会嫌岩茶与普洱"浓苦如饮药"。人到中年，有一天不知怎么，舌头就开了窍，忽然品咂出了乌龙与黑茶劲烈后的清芬和甘醇。

品茶，还真像是品人生。

也许对袁枚来说，也是如此吧。他对武夷岩茶的品评经历了一个改观的过程，最终在写《随园食单》时一锤定音，给其一个"冠绝天下"的评价："尝尽天下名茶，以武夷山顶所生，冲开白色者为第一……"身为钱塘人，居然把家乡的龙井都排在了后面，可见他对岩茶爱之深切了。

在前面的《随园食单》中，袁枚观察到，僧道为他所泡的岩茶还有一个生动的细节——"杯小如胡桃（核桃），壶小如香橼（一种柑橘属果实），每斟无一两"。小壶小杯的精致，让袁枚感到情趣盎然，这即是清代流行于闽粤一带的"工夫茶"泡茶技艺。

"工夫茶"也有人写作"功夫茶"，但现在更为通用的还是"工夫茶"。从清雍正至光绪年间的一些著作、报刊文章中可以看出，彼时"工夫茶"指代的还是茶叶的品种，但到了民国时期，尤其是在广东潮汕地区，"工夫茶"已悄然变成了特殊烹茶程式的名字，"工夫"有了烹茶工序繁复之意。

最初的工夫茶装备，可以参考《清朝野史大观》卷十二《清代述异》中的记载："中国讲求烹茶，以闽之汀、漳、泉三府，粤之潮州府工夫茶为最。且其器具亦精绝。据闻用长方磁盘，壶一而杯四，壶以铜制，或则宜兴。壶仅如拳，杯则如胡桃，茶必用武夷。"

《清稗类钞》中则记载了清代工夫茶的泡饮过程："先将泉水贮之铛，用细炭煎至初沸，投闽茶于壶内冲之，盖定，复遍浇其上，然后斟而细呷之。"以茶待客时，则"先取凉水漂去茶叶尘滓，乃撮茶叶置之壶，注满沸水"。盖好后，再取煎好的沸水"淋壶上"，俟水将满盘为止。再在壶上"覆以巾"，"久之，始去巾"，主人"注茶杯中"，以为奉客。

"工夫茶"，说起来也简单，就是"小壶泡"。一套雅致精绝的小茶具，是泡工夫茶的必要条件：长方磁盘，一壶四杯，将茶漂去灰尘后，以沸水泡茶，再将沸水淋在壶上，让其变得更为密闭，接着迅速盖上茶巾。静候一时，便可将茶汤注入茶杯,请客人喝茶了。

这种泡法,与武夷岩茶的特性也有关,因岩茶的条形不紧凑,故冲泡时需要多放茶叶;最宜用宜兴紫砂壶,是因为紫砂壶保温、聚香、不闷味;泡茶时用开水淋壶和在壶上盖上茶巾,都是为了保持茶壶的温度,以利于岩茶茶韵在高温密闭的小空间内逐渐发挥。"慢"与"细",都最符合武夷岩茶悠远深透的气韵,利于人体会其"较嚼梅花更为清绝"的滋味。

不过,工夫茶似乎不太适合爱大口豪饮的茶客或是一时口渴难耐的人。面对工夫茶,客人往往需要"衔杯玩味",若饮稍急,主人还会生气,"怒其不韵",认为他们有违工夫茶的优雅情致。毕竟,工夫茶工序繁复的背后,蕴含的是一种"纯、礼、雅、和"的茶文化的究极精神。

《红楼梦》中,贾府众人与刘姥姥造访栊翠庵,妙玉却忽拉宝钗、黛玉二人进屋吃起了体己茶。当宝玉随后也来"蹭茶",并表示能立即饮下一海时,妙玉笑怼宝玉道:"一杯为品,二杯即是解渴的蠢物,三杯便是饮牛饮驴了。你吃这一海便成什么?"明代中后期开始,茶饮活动日益隐逸化、精致化与艺术化的趋势,由此可见一斑。

铁观音：字字有分量

之前看到有人说，读鲁迅作品，常读常新，温故知新，即便读过二十遍，仍旧醇厚有如"刚泡的铁观音"。

铁观音也是乌龙茶，据说名字的由来是"量重如铁，形似观音"。虽然"形似观音"这一点见仁见智，但这个名字确实起得很妙——读起来沉甸甸的，字字有分量。和岩茶一样，铁观音茶也极耐冲泡，有"七泡有余香"之誉。

闽北乌龙，以岩茶为代表；闽南乌龙中的上品，则是铁观音。和岩茶相比，铁观音当然是后起之秀，可如今知道后者的人恐怕要更多一些，甚至有人认为乌龙茶就是铁观音。

唐宋时，闽北广泛植茶，闽南亦跟进尝试。闽南产茶，在唐代已有记载。铁观音的由来，也是传说颇多。一说是乾隆元年（1736）安溪县西坪乡的王士让首创的。他发现了一株特别的茶种，故将其移植，朝夕灌溉，年年繁殖。制成茶后，气味芳香超凡，泡饮后令人心旷神怡。乾隆六年，王士让赴京师，带新茶晋谒方望溪侍郎。方侍郎转送内廷，蒙乾隆皇帝召见，御赐"南岩铁观音"之名。

还有一说是乾隆年间，福建安溪有位名叫魏饮（亦有写作"魏荫"）的农民笃信佛教，每日清晨以一杯清茶献于观音大士像前。观音念其虔诚，故赐给他一株茶树，由此茶树鲜叶制成的乌龙茶，异常甘美。因其叶色暗绿如铁，制成的乌龙茶形美、骨重、色泽砂绿青润，又是观音赐的，故得名"铁观音"。

两种都是传说，不能作为信史。不过有人注意到，福建的地名十分别致，常以"石"为名，闽北武夷山地区也有产茶的"大观音石""小观音石"，产出的茶名为"观音"再自然不过。武夷山虽然在产茶环境上得天独厚，但地处山区，北去温州、南去福州都不便利。当福建南部的安溪效仿武夷制茶时，借"观音"之名冠于自家乌龙，亦在情理之中。

安溪铁观音的采制方法仿效武夷岩茶，此中渊源有迹可循。清初诗僧释超全写有一首《安溪茶歌》，歌中唱道："安溪之山郁嵯峨，其阴长湿生丛茶。居人清明采嫩叶，为价甚贱供万家。迩来武夷漳人制，紫白二毫粟粒芽。西洋番舶岁来买，王钱不论凭官牙。溪茶遂仿岩茶样，先炒后焙不争差。真伪混杂人朦瞍，世道如此良可嗟。""溪茶遂仿岩茶样，先炒后焙不争差"，写的就是武夷岩茶声名之盛和畅销海外，引起了闽南茶叶主产区安溪的效仿。

和岩茶相比，铁观音的萎凋和发酵程度都比较轻，制茶过程中茶多酚损失较少，所以味浓耐泡，且较鲜爽。释超全这首诗也反映了安溪茶的生长条件好：山高"长湿"，且近海，较武夷山出口便捷，因此"为价甚贱"。但它的品质已经能与武夷岩茶媲美了，不仅外国人"朦瞍"不能辨认，就连经验丰富的老茶客也未必能说清两者的区别。

我对铁观音的印象，始于在岭南小城度过的许多个夏天。炎热的夏季，和大人们外出旅游时，看见他们常会随身带着小包的铁观音，在有热水供应的地方泡开，大家一同饮用，以解口渴。金黄带绿的茶汤，一大口喝下去，真是说不出的鲜爽甘美。虽是小小的包装，铁观音摸起来却仍是沉甸甸的，有如一两深绿色的碎银，惹人留神注目观赏。对它的外形，品茶师也有精练的表述——蜻蜓头、田螺尾、青蛙皮、铁板色。好的铁观音，皱如蛙皮，色泽砂绿，挂着如柿饼那样的白霜。

铁观音的制作既严谨又精巧，初制工艺就有约十道工序：晒青、晾青、摇青、炒青、揉捻、初烘、包揉、复烘、复包揉、文火烘干，直至形成毛茶。

其中，做青（晒青、晾青、摇青）是关键。乌龙茶都要通过摇青碰撞和晾青静置交替，让茶叶边缘破损，从而发生局部酶促氧化反应——形成"绿叶镶红边"的乌龙茶特征，经过一系列生化转化后，最终孕育出馥郁的茶香。安溪茶歌中有一首茶歌就叫《做青歌》："反复摊晾反复摇，心系青间闹通宵。眼看手摸鼻子嗅，唯恐香韵随风逃。"茶人的辛苦由此可知，字里行间仿佛能传出独属于乌龙的清香。

至于为什么铁观音要"起霜"，后来才知道，制作铁观音，"揉捻"这一步很重要：闽南乌龙有独特的"包揉"工艺——将杀青叶用布包起来揉捻，这样就可以实现茶汁溢出叶面且条索紧结，一冲泡就有茶色，同时茶叶又不会迅速涨开，更耐泡。两揉两烘之后，再用文火低温烘焙，使毛茶中的水分缓慢散失，内含物质逐渐转化，促使茶叶中的咖啡碱随水分蒸发，向叶面升华，凝成白霜。起霜的铁观音，是茶品质高的表现。

铁观音以清高馥郁的兰花香和特殊的"音韵"著称，难以形容，只要喝过，就一定不会忘记它芬芳似兰的高香和回味无穷的口感。它的茶韵，在于入口不久会立即转甘，也就是陆游诗中所说的"舌本常留甘尽日"。

沉绿清新的色彩、灵妙鲜爽的口感，加上童年的回忆，大概就是我一直将铁观音与夏季联想在一起的原因。

粤的茶：得闲饮茶，广府风情

刚认识的朋友，听说我在广东长大时，往往都会补上一句半客气半真诚的赞美："啊，广东好吃的东西多呀，特别喜欢你们那儿的早茶！"

说是"饮早茶"，其实一点儿不早，也不只单喝茶。它更像是开启一天的闲适仪式：与朋友相约在上午九、十点钟，无需精确，还要看第二天大家自然醒的时间。次日醒来后，趿拉着人字拖慢悠悠晃过去，大家坐下，开始泡茶（茶叶经常还是自带的）、"吹水"（聊天）、吃点心。

现在茶楼里经常都是看着菜单点单了，有时还能扫码点单，但我还是喜欢小时候的那种方式：服务员推着点心车穿梭，你得叫住他，自己拿想吃的点心，然后他就会掏出一些小小的彩色圆形印章，狠狠地在你的账单上盖一堆戳。小点、中点、大点、特点、顶点、超点，都对应着不同的食物价格。一顿早茶，广东人可以一直"饮"到中午，如此慵懒又无所事事的一天，就这么过半了。

广东人是爱好喝茶的，每日早茶、午茶、夜茶三市，热闹非凡。鲁迅短暂地客居广州时，曾是陶陶居、北园等多家茶楼的座上客。鲁迅先生是浙江人，喜爱饮茶，当然也喜欢这种嗜茶的氛围，他曾说"广州的茶清香可口，一杯在手，可以和朋友作半日谈"，还说"有好茶喝，会喝好茶，是一种'清福'。不过要享这'清福'，首先就须有工夫，其次是练习出来的特别的感觉"。"工夫"也许指的是对茶叶知识的了解和对冲泡技法的掌握，"特别的感觉"则像是在说茶作为饮品之外的文化情味。

除却陶陶居、北园、莲香楼、惠如楼这些中高档的茶楼，早在清代道光、光绪年间，广州及珠三角城乡已普遍存在名为"二厘馆"（每位茶价二厘钱）的茶楼，顾客多为劳动大众，来此地歇歇脚兼吃点松糕、河粉、猪油包

鳳凰單樅

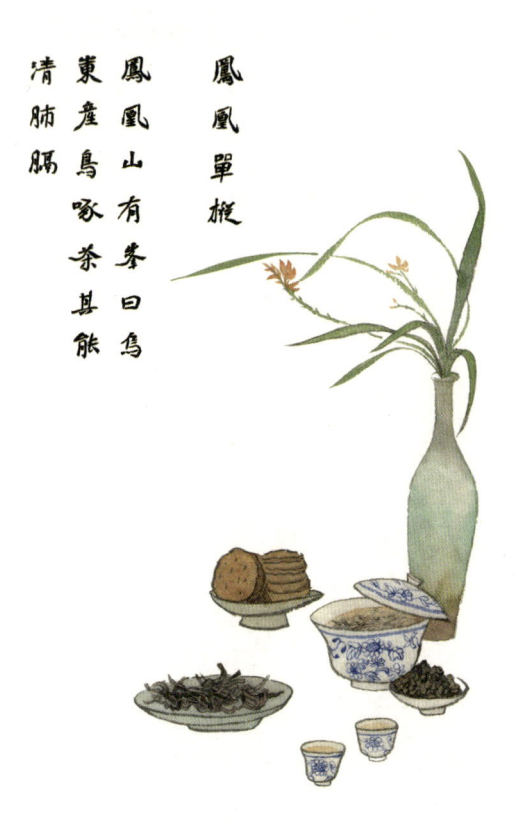

鳳凰山有茶曰鳥
東產鳥啄茶甚能
清肺膈

之类的便宜点心。据说这种茶楼厅堂用的桌椅也都古老光亮，一般用绿釉茶壶、茶杯泡茶与掛茶，水用的还是刚烧开的山泉水。茶叶品种也多样，可由茶客自己选择，称为"问位点茶"。

"问位点茶"的传统延续至今，如今在广东饮早茶或用餐时，服务员也经常会让顾客自己选茶："要喝什么？有普洱、铁观音和菊花茶。"普洱自然是云南名茶的代表，铁观音是闽南乌龙。广东作为茶叶的消费大省，其实也是产茶大省，但似乎本土的茶叶还无法突出"重围"，在各个版本的"中国十大名茶"中占据一席之地，获得像普洱、铁观音、碧螺春、龙井这样的大众知名度，甚至连当地的餐馆都不会单独推荐。

不过，令人感到高兴的是，近几年，像"凤凰单丛"和"英德红茶"这样的粤茶优秀代表，也已经被越来越多的饮茶者认识了。2023年法国总统马克龙访华，于广州市观景品茗之时，茶艺师为其准备的正是这两款广东特产的名茶。

凤凰单丛：茶中香水

乌龙茶中的极品不独在闽地，广东也有，比如潮州市乌岽山的凤凰单丛。

"高山云雾出好茶"，凤凰镇位于广东潮州市的东北部，山峦高，云多露重，空气湿润，日照偏短，雨量充沛，极适合茶树喜温、好湿、耐阴的特点。

和武夷茶相比，凤凰茶显得小众了许多，但它同样属于传统名茶之一。凤凰茶的历史悠久，史书中关于凤凰茶的记述，最早可见于十六世纪。明嘉靖二十六年（1547），《潮州府志·卷之三》载："凤山名茶侍诏茶，亦名贡茶"，而凤凰镇曾经隶属的饶平县，每年进贡"叶茶一百五十斤三两、芽茶一百八斤三两"，足见因质量、产量之高，凤凰茶在明代已被列为贡茶。

康熙年间，乌岽山开始开垦茶园、种植茶树，曾任饶平知县的郭于蕃所著的《凤凰地论》载："乌岽山、黄泥坑俱出上等佳茗。"凤凰茶于清代进入鼎盛时期，入列清代全国名茶四十品目之一。

同属乌龙,凤凰茶和武夷茶免不了要进行同台较量。据王镇恒、王广智《中国名茶志》记录,1955年9月,凤凰单丛参加了在杭州市举办的全国二十八个传统名茶的评选,经庄晚芳、陈椽等茶界名家鉴别,认为其与福建岩茶各有特色、各具千秋,但在色、香、韵与耐泡力上,都要比武夷岩茶更胜一筹。1986年,在全国名茶评选会上,凤凰单丛又被评为乌龙茶之魁首。

品茶如品诗文,对于茶叶的喜好总有很多主观因素,很多爱茶人还就喜欢武夷岩茶那一口厚重的"岩韵"。凤凰茶也有"韵",有人将其总结为"山韵",且海拔越高"山韵"越显,是一种属于山谷间精灵花草的轻盈与甜蜜。

"单丛"的名字出现得不算早,地方府志一直未见记述,明代资料对饶平县的贡茶有"叶茶""芽茶"的说法,清光绪年间《海阳县志》(海阳县后来改名潮安县,即今潮州潮安区)有"凤凰山有峰曰乌崬,产鸟啄茶,其能清肺膈"的记载,将乌崬山出产的茶称为鸟啄茶。民国初年,"凤凰水仙"之名开始流行。"单丛"之名最早是在第二次鸦片战争时期,以特定的商品名称出现的。在《中国茶叶外销史》中,陈椽教授写道:"十九世纪中叶,广州茶叶输出已达出口量的百分之五十以上，均由广州装运出口，运销欧洲、美洲、非洲及南洋各地，如饶平的'单丛凤凰'和'线乌龙'。"由此可以推断，"单丛茶"应该在此之前形成。

在茶叶大量外销、茶行林立的茶叶大发展时代，凤凰山的茶农不断寻找优良单株，或扦插嫁接育出新株。凤凰水仙为有性繁殖的群体品种，从凤凰水仙群体品种中演绎出了上百种品质优异的单株，再对这些单株进行培育、繁殖，单独采摘制作，这种凤凰茶就被称作"凤凰单丛"。

如今听说过凤凰单丛的人还是比较多的，这还要得益于这几年甜品奶茶店"鸭屎香茶饮"的流行。用这款茶作为茶底，花香浓郁，蜜韵悠长，而且它的名字猎奇中带有一些"萌感"，像"猫屎咖啡"一样，让人忍不住蠢蠢欲动，颇想尝试一番。

"鸭屎香"其实和鸭屎味没有一点儿关系，它属于凤凰单丛花香型中的一种，有点儿像兰花，又似金银花。据说因茶名不雅，"鸭屎香"曾被正式更名"银花香"，但最终还是大俗大雅的"鸭屎香"叫得更响。

第一次喝凤凰单丛的人，很难不被其"香"率先冲击到，这是凤凰单丛最显著的特点之一：高香袭人，乃至有"茶中香水"之誉。

丝丝清甜的气息会在刚拆开包装的时候就弥漫开来，迅速充斥整个空间。泡好后小饮一口，清高鲜爽，香透齿颊，久久不散，仍有回甘。就连沾过茶汤的空茶杯仿佛都被这花蜜一般的香甜浸透了，饮毕闻杯，余香留底。我曾在夏天试过用"冰萃法"冷萃"鸭屎香"型的凤凰单丛，冰萃出来的单丛茶汤清凉澄澈，在夏季有了不同的气质，依然香盈满屋，香意却冷然，让人想到雪松或者梅花一类的植物。

北京人喜爱的茉莉花茶当然也香，但它的香是窨制（熏制）的，茶与花香在融合中又有一丝清醒的独立。凤凰单丛的香则出自天然，且丰富多彩，完全是从茶叶的骨子里散发出来的奇香：蜜兰香、芝兰香、黄栀香、桂花香、杏仁香、玉兰香……香型实在太多。尤为神奇的是，凤凰单丛不仅主香鲜明，随着冲泡次数的增加，香型更像香水一样呈现层次分明的三调——初泡似前调清冽，三五泡如中调馥郁，尾水则如后调绵长，层层绽放唇齿间。

日日工夫　潮汕人家

1991年新春，漫画家方成在广东潮州、汕头欢度元宵佳节，他在漫画《功夫茶》中生动地画了两位潮汕老汉席地对坐，笑容满面地举杯对品佳茗，中间放着一套不大却齐全的工夫茶具。画上还附有《雅俗共赏打油诗》一首，描绘了工夫茶品饮的特点：

> 此间喝茶讲功夫，大把茶叶塞满壶。
> 初尝味道有点苦，苦尽甘来好舒服。

虽然广东人普遍都爱喝茶，但潮州人是真的嗜茶如命。据说在潮州每间骑楼檐下，工夫茶具都临街摆着，无论中老年人、青年人，人人都能"像演奏乐器般行云流水地泡茶"。

认识的好友中也有来自潮州的，已居于海外多年，仍旧是要每日喝茶。她的父母前去探亲时，也不忘往行李里装上一套小巧的工夫茶具，在欧洲短途旅行、外出散步时也要带着它，以便能随时随地坐下，开启一段美好的饮茶时光。与工夫茶具相配的，自然是潮州人最爱的乌龙，乌龙茶中又首推凤凰单丛。

此前写武夷岩茶时提到过袁枚在乾隆年间品尝武夷工夫茶的情形。工夫茶本是武夷岩茶中一个品位甚高的品种，比如红茶中也有"闽红工夫""祁门工夫"等，后来工夫茶也指一种在闽、粤两地流行的独特品茶方式。

1979年版的《词源》直接在"工夫茶"一词的词条中称其为"广东潮州地方品茶的一种风尚"。明朝人俞蛟曾在岭东做官，在其《梦厂杂著》一书第十卷"潮嘉风月"中，提到工夫茶的烹治方法出于陆羽《茶经》，但其实，《茶经》中写到的茶具茶仪乃是总体性的理念，俞蛟大概只是为做一关联，说明潮州工夫茶与主流茶之道一脉相承，且工夫茶的器具更为精致，烹法更为特别："壶出宜兴窑者最佳，圆体扁腹，努嘴曲柄，大者可受半升许……炉及壶盘，各一。唯杯之数，则视客之多寡，杯小而盘如满月……投闽茶于壶内冲之，盖定，复遍浇其上，然后斟而细呷之。气味芳烈，较嚼梅花更为清绝。"

明清之际，潮州人已有用壶杯冲沏武夷茶的习尚。乾隆时期的俞蛟在《潮嘉风月》中则更为细致地记下了成熟阶段的潮人饮工夫茶的情形，对炉、壶、杯的数量和质地，以至瓦铛、棕垫、纸扇、竹夹、细炭、闽茶，一一提及，对投茶、候汤、淋罐等步骤也尽得其要。

小壶、小杯、滚烫的开水。工夫茶的配置最适宜泡的就是岩茶、单丛这样的乌龙茶，而非绿茶、红茶或者白茶，这是工夫茶客的共识。如方成诗中所说，乌龙茶经这样的方式泡后，初时茶汁浓度高，乌龙直接浓烈的茶韵直冲口鼻，令人略感苦涩，但到后面就会越来越香甜。

广东就都是工夫茶的天下吗？也有例外的，乾隆时期《普宁县志·艺文志》中收录了主纂者、县令萧麟趾的《慧花岩品泉论》，其中写道：

> 因就泉设茶具，依活水法烹之。松风既清，蟹眼旋起，取阳羡春芽，浮碧碗中，味果带甘，而清冽更胜。

与袁枚迅速地为武夷岩茶与工夫茶倾倒不同，这位萧县令爱的还是蒸青阳羡茶、盖碗泡法，喜看"芽浮瓯面"，坚持做了一个入乡但不愿随俗的饮茶者。

英德红茶　后起之秀

红茶是广东的主产茶之一。广东生产的红茶统称"粤红",而广东英德市所产的却要单称"英红",可见英德红茶之优越与独特。

红茶自明清之际在福建诞生以来,在国际市场上占有相当重要的地位,因此红茶的生产也陆续推广扩大到了江西、湖北、四川、浙江、云南、广西、广东、贵州等地。工夫红茶的品种不断增多,其中就以安徽的"祁红"、云南的"滇红"以及广东的"英红"最为著名。

祁红和滇红的知名度更广,但因为身处粤地,我对红茶的认知是从英红开始的。以前英德的好友常常会馈赠极好的英红叶茶,可我就像萧县令一样,在很长一段时间里喜爱的都是绿茶。一日心血来潮,泡了英红来喝。英红的外表乌润匀称、紧结重实,出色很快,所以朋友提醒,一开始务必要用85摄氏度左右的水温外加"快速冲泡法",这样获得的茶汤才会鲜爽、浓郁、红亮,有种能抚慰人心的魔力。

原来这就是红茶,充满了温柔、敦厚的母性气质。英红的滋味,单喝也有着丝丝蜂蜜般的甜味,浓、香、醇,几乎没有酸涩味和苦味,所以也特别适合添加奶与糖制成奶茶饮料,因此它在英国极受欢迎。

在广东喝惯了英红,后来第一次尝到云南的"古树晒红"时顿觉不对:这茶汤怎么有微微的果酸味?——大约是因为初制的"晒红"常有发酵不够的问题。后来也尝试喝了一些别的工夫红茶,兜兜转转还是回到了最熟悉的英红的怀抱。

英德地处广东省中北部,据史料记载,明代之前它已经是广东的产茶县,明时英德茶叶已有贡品;明嘉靖《韶州府志》(英德旧属韶州,即今韶关)中"土贡"下,英德县有"叶茶七十一斤七两,芽茶七十六斤一两"进贡;光绪年间《英德县志》亦记有"茶产罗坑、大铺、乌坭坑者,香古味醇,如朴茂之士,真性自然殊俗,其余黄金山、水边、黎洞、黄寨、寄远为不逮。五郎峰产茶,气味清纯,观音山旧名茗茶山亦产茶"。宣统年间的《英德县志》中说:"赤砾山茶,石莲乡蓝山茶,河婆嶂岭茶⋯⋯皆奇品。"

虽然有产茶、制作贡茶的记录，但依据史料，那时的英德种植的是"茎小而长，叶尖如指"的小叶种茶树，不久后便衰落了。

众所周知，苏轼曾被贬谪至广东惠州。据载，东坡在前往惠州的途中，先去了惠州的罗浮山游玩，并写下寓惠第一篇作品《书卓锡泉》，其中提到"岭外惟惠人喜斗茶"，说明他在路上已听闻惠州人热衷于茶事活动。来到惠州后，他又在住所白鹤岭上种植茶树，并作有《种茶》一诗。实际上，苏轼差一点点也要与茶县英德结下缘分。在被贬惠州之前，苏轼本接到的是贬谪英州（即英德）之令，在去英州的途中，朝廷又数改谪令，最后才贬其为宁远军节度副使，安置惠州。

在粤茶中，如今英德茶的名气自然远胜惠州茶。试想，如果苏轼当年能来到英德的话，必定会为此地留下更多的茶史故事。只不过，今天令英德名扬世界的，是于茶史中较晚诞生的红茶，而英红又是中国红茶中不折不扣的一位"后起之秀"。

红碎茶之战

按照制作方法的不同,中国红茶可细化出三类:小种红茶、工夫红茶和红碎茶。小种红茶为闽地独有,以正山小种为代表,"烟熏"步骤是关键,故有明显的松烟香;工夫红茶讲究发酵适度、文火慢烤烘干,有代表性的是"祁红""滇红""宁红""宜红"等;至于红碎茶,听起来似乎有点"不堪",仿佛就是红茶的碎末一样,其实并非如此,它是指茶叶在揉捻时,用机器将叶片切碎呈颗粒形,这种外形细碎的红茶,就叫红碎茶。

从明代开始,将茶叶碾碎或制作茶饼已经不再是主流,"全叶冲泡"成为中国人独钟的饮茶方法,但像印度红茶、斯里兰卡红茶、肯尼亚红茶这样的"红碎茶",却是国际市场上销售量最大的茶类,也是西方国家习惯的红茶形态,比如我们熟悉的立顿红茶。

二十世纪五十年代开始,为了出口创汇,全国茶叶主产区试制红碎茶,高峰时占到红茶产量的百分之九十。既要和印度、斯里兰卡做低价竞争,也要在品质上优胜,英德红茶就是在此时的压力与动力下诞生的。

1949年后，英德从云南凤庆、勐海等地引进了云南大叶茶树品种并试种成功，1959年的英红产品，浓郁纯正，经苏联和国内茶叶专家评定，已达国际高级茶水平。在后来的不断发展过程中，英德茶场成了定点生产红茶的单位之一。1965年朱德元帅来到广东时，对有关负责人说道："陈老总让我转告你们：一定要把英德的茶叶搞上去，要搞出大名堂来！陈老总说，连（英国）女王都喜欢喝你们英德红茶，还有一些外国朋友也找他要英德茶。'英红'被外国人称为后起之秀，为我们国家争了光。"这说的是1963年英国女王在盛大的宴会上用英德红茶招待贵宾，受到了普遍的称赞。

二十世纪七十年代，英德又仿照洛托凡机制成首批叶片棱板式"转子揉切机"，先挤揉后搓碎，揉、切并重，制出我国第一批转子型红碎茶。这样制出的茶叶内外皆美，浓强鲜兼备，产品质量变得更加全面了。当时据香港市场反应，在品质上，英红已胜过了斯里兰卡红茶。

当然，英德并非只生产红碎茶，而是叶茶、碎茶、末茶、片茶均有。我没有喝过英德的红碎茶，常喝的只有一种"英红9号"（制红茶品质优的茶树种适合制红碎茶的茶树种另有"1号""2号"等），曾经试着将多多的"英红9号"煮好后加入牛奶与糖制成奶茶，真的是非常香浓可口又健康——但在一部分崇尚"茶之真味"的茶人眼里，这恐怕也是一种浪费了。

白茶之味：草木气息，古老的时间味道

没想到，作为一个在热带长大的孩子，2023年在北京我居然差点中暑了。北京这年的夏天真是热得出奇，好几次从室外回来，人仿佛被来自沙漠的热浪炙烤过，从内到外都觉得干渴。这样的暑热天气里，头嗡嗡的，嗓子发疼，在家的时候，只好一杯接一杯地喝白茶。毕竟对注重养生的广东人来说，若犯了"热气"，那可是头等大事啊。

一日，偶然收到爱茶的友人贴心寄来的两包陈年寿眉，还特意叮嘱一定要常饮："白茶才是最适合夏天的茶。"是了，六大茶类中，白茶性微凉，可解暑，它的滋味醇厚回甘，四季皆可饮用，尤其适合炎日当空的夏季。

将朋友馈赠的2015年的"乙未年寿眉"泡开，橙黄明亮的茶汤带着淡淡的药香，小啜一口，滋味鲜醇，有一股抚平燠热与焦躁的力量。

回想起几年前第一次喝白茶时，心里对这些粗糙的小叶子还是很疑惑的：这茶也太淡了吧，和岩茶、红茶的高香与甜美完全不同。但仔细再品品，好像又尝出了些淡淡的谷物、草本的味道，是属于阳光和植物的本来面目。"淡极始知花更艳"，随着年龄的增长，后来喜欢上白茶，也是自然而然的。

闽地神奇，不仅是红茶、乌龙茶的发源地，白茶的主要产区亦在于此——福鼎、政和、松溪、建阳等皆以白茶闻名。白茶近些年很火，特别是"老白茶"，甚至出现了奇货可居的热销现象。福建的福鼎白茶价格翻了好几倍，"一年茶，三年药，七年宝"这句白茶"简评"，也常能听人念叨。但在以前，白茶可是很"低调"的，几乎到了无人问津的地步。北方人偏爱花茶，绿茶和普洱也排得上号。而白茶，味淡不说，比如寿眉这外形，看着还和一堆枯树叶子似的，让茶客们顿时意兴阑珊。所以，在过去很

白毫銀針
生曬茶淪之甌中則
旗槍舒暢清翠鮮明
尤為可愛

长一段时间里,白茶主销的都是海外市场,尤其是热带地区的东南亚各国。热带的居民似乎都很懂得白茶的冷性,酷爱饮用。在新加坡的一家茶店内,中国的福建白茶还被称为"长寿茶"(Longevity Tea)。

既古且新

宋徽宗赵佶做皇帝虽不怎么样,艺术才华方面却几乎可以说是帝王之最。他一生爱好饮茶,还研究茶学,撰写出了一部《大观茶论》。在书中,他钦定"白茶"为"天下第一茶品":

> 白茶自为一种,与常茶不同。其条敷阐,其叶莹薄,崖林之间,偶然生出,盖非人力所可致。正焙之有者不过四五家,生者不过一二株,所造止于二三胯(銙)而已。芽英不多,尤难蒸焙。汤火一失,则已变而为常品。须制造精微,运度得宜,则表里昭澈,如玉之在璞,他无与伦也。

《大观茶论》全文一共二十篇论,宋徽宗却仅仅对白茶格外赏识,《宣和北苑贡茶录》(宋代熊蕃撰)中因此感叹:"盖茶之妙,至胜雪极矣,故合为首冠。然犹在白茶之次者,以白茶上之所好也。"在当时的专业茶人眼中,福建的"龙团胜雪"应为天下团茶"首冠",而皇帝却说白茶最好,那只能让团茶胜雪委屈地居于其次了。

福建的政和县原名"关隶",以产白茶出名,它竟能得到宋徽宗赐以自己的年号"政和"做地名——似乎也可依此推断宋徽宗对白茶的狂热喜爱了。

"宋徽宗最爱白茶"一事,又经冈仓天心的《茶之书》传播,如今传得是板上钉钉,不过,这却是一个迷人的误会。

此"白茶"非彼"白茶"也。

我们现在所说的现代意义的白茶,是六大茶类(绿、红、黄、青、白、黑)中最后一个出现的"晚辈",它是品种与制法相结合的产物,如福鼎大白茶、政和大白茶。其制作工艺特点是"不炒不揉",强调茶叶在一定的温度和湿度下,自然萎凋至全干,或萎凋至八九成再烘干。因为在加工中不炒不揉,这样茶的芽叶和梗外表都满披银毫，呈灰白色，故称"白茶"。

现公认的现代白茶的起源记录是明代田艺蘅《煮泉小品》中的一段：

> 芽茶以火作者为次，生晒者为上，亦更近自然，且断烟火气耳。况作人手器不洁，火候失宜，皆能损其香色也。生晒茶瀹之瓯中，则旗枪舒畅，清翠鲜明，尤为可爱。

这里说的"生晒者为上"，已经是现代白茶的制法了，只不过用的品种不一定是大白茶树。当年正是松萝炒青法盛行之时，人们喜爱"生晒"的制法，认为其规避了手器不洁、火候不当的风险，更亲近自然，可谓极小众的审美了。

清嘉庆初年，福鼎用菜茶（福建当地土生土长、通过有性繁殖的群体种茶树）的壮芽为原料，创制成白毫银针；约在1857年福鼎发现大白茶后，福鼎大白茶渐渐成为白毫银针的主要原料，制成的白毫银针芽壮毫显，色白如银，品质较之前显著提高。

宋徽宗所说的"白茶"，则应该是早期产于北苑御茶山上的一种白色的野生茶，它的叶色比一般的茶叶更为"莹薄"，由于稀少，所以珍贵。其制作方法，承袭当时的主流工艺，需经过蒸焙、紧压，最终制成团茶。它的制作尺度很难把握，所以才有了"汤火一失，则已变而为常品"的说法。

宋子安《东溪试茶录》中也用"茶瑞"形容过这种"白叶茶"："白叶茶……芽叶如纸，民间以为茶瑞，取其第一者为斗茶。"

因此，可以基本推断，唐宋时期的"白茶"，指的是采摘时偶然发现的白叶茶，本质上依然属于绿茶，如同今天的浙江安吉白茶、四川峨眉雪芽和宁波印雪白茶。这种白化的茶叶，往往在每年的清明前后二十天左右长出，等到了谷雨前后，气温升高，白色的芽叶就会变成绿色。在变绿之前，将白化的茶叶摘下，按绿茶的工艺制作后，因其氨基酸含量比较高，制出的茶叶香高味醇，别具鲜爽。和乌龙茶"大红袍"易被错认成红茶一样，"安吉白茶"也常被误以为属于白茶，其实并非如此。

虽然在六大茶类中，现代白茶算是"晚辈"，但这种做法到底从哪里开始算起，却一直存在争议。因为白茶的制法简单，鲜叶采回，自然晒干，与古代先民对中药的初加工方式很像，早在商周时期就有这种"无采制"的茶。因此也有学者认为，白茶是中国茶叶生产史上最早发明的茶，而非到了明清才出现。

这真是一个神奇的对立统一——既是最晚，又可称最早，看似矛盾，实则是返璞归真的贯通。在白茶简淡却不简单的金黄茶汤中，蕴含的是古老的时间味道：没有人工的烟火气，保留草木本身的气息，自然天成，回归本真，令人回味无穷。

既简且繁

翻开茶学辞典，绿茶的章节之下名目密布，长串茶名攀满纸页，及至白茶，却往往只有寥寥几个花色：针形的白毫银针，绿叶夹银毫形如花朵的白牡丹，还有寿眉、贡眉。

白茶的制作过程看起来简单，但要做好并不容易，有很多考究的细节，关键是对每道工序的把握。时间点的选择、手法的轻重、气候变化的影响，都会导致白茶的汤色、口感、外形有极大的差别。

清晨采摘的鲜叶要快速地薄摊，萎凋架不能受到阳光直射，晒到五六成干时须再调整方位。清明之前，将先抽出顶尖的细长的芽针采下，经自然萎凋、干燥，即成等级最高的"白毫银针"。银针这样等级高的白茶，萎凋到八九成干时要上焙笼，在低于60摄氏度的低温中慢焙。虽然也用上了"焙"字，但用的是没有烟气的炭坑，为的是让茶叶的天然成分原封不动地被封存起来。

如果阴干时间过长，就会导致鲜叶萎凋过度，红变烂变；如果加工温度过高，又会激活芽内的活性酶，使茶叶的品质变性。这些因素都导致了白茶产量不高，扩大生产困难，一直是六大茶类中规模最小的茶类。

白毫银针是白茶中的珍品，它香气清鲜、滋味醇和，泡时整个茶芽银装素裹、熠熠生辉。芽芽挺立，令人赏心悦目，有"白云疑光闪，满盏浮花乳"之誉。

往前追溯历史，白毫银针的前身是福鼎太姥山的"绿雪芽"，在明清时期已是名茶。明末清初学者周亮工的《闽小记》中写道："太姥山古有绿雪芽，今呼白毫，色香俱绝。"但这绿雪芽用的究竟是"生晒法"还是"炒制法"，至今仍是悬案一件。民国时，卓剑舟著《太姥山全志》中引用周亮工此句，并说那时白茶已经远销海外："绿雪芽，今呼白毫。香色俱绝，而尤以鸿雪洞产者为最……为麻疹圣药。运销国外，价同金埒。"

《红楼梦》中，刘姥姥二进大观园时，贾母带着众人游园至妙玉的栊翠庵，妙玉请茶，贾母道："我不吃六安茶。"妙玉笑说："知道，这是老君眉。"

"老君眉"是什么茶，一直以来读者都很想弄清楚。但众说纷纭，至今也没有定论。有人认为，"老君眉"是武夷岩茶中的名丛，属乌龙茶；有的说"老君眉"是君山银针，属黄茶；还有一种观点，比如1987版电视剧《红楼梦》的编剧周岭教授就认为，"老君眉"是白茶中的白毫银针。

因为来栊翠庵之前，众人吃了酒肉，所以贾母不愿饮用绿茶（六安茶），怕停食，不消化。可以大胆地猜测一下，"老君眉"这种茶冲泡后，汤色应该是比较淡的，香味清软，所以才会让贾母误以为是绿茶。而刘姥姥饮后也觉得此茶味不够浓，这就似乎不太像是岩茶了。

如果说将"老君眉"与君山银针联系在一起，是因为有一个共同的"君"字，那么循着白茶中"寿眉"的特点以及名字中的寓意去推断,"老君眉"也有可能是寿眉。再联想到白毫银针形状弯长,通体布满白毫,"恰似太上老君的眉毛",比寿眉更上品,泡出来的外形也更好看。

当然,这都是一些关于"老君眉"的猜测,如果不那么严格地考虑白毫银针的诞生时间与《红楼梦》成书时间的差异,用白毫银针来招待拥有顶级审美的老牌贵族贾母,其实还真是很恰当的。

寿眉主要是由制"银针"时采下的嫩梢经"抽针"后剩下的叶片制成。它紧卷如眉,呈灰绿或墨绿色,用手捧起来,轻飘飘的,真像一把不易惹人注意的枯叶。但如果仔细去闻,就能嗅到草本内质的清纯香气。陈化后的寿眉茶味愈显醇厚,茶汤澄澈如杏、清甜醇爽,暗蕴杏仁与枣的香气,回甘悠久绵长。都说老白茶的药理保健作用十分明显,伤风感冒、头疼脑热之时,都可以饮用陈年老白茶舒缓体乏,有如珍药。

炎热的夏天还真是多亏了白茶,不过白茶在冬天喝也别有一番滋味。前些日子,"围炉煮茶"很火,老白茶正好可泡可煮。冬天的时候,煮一壶清醇中带着暖意的白茶饮下,即便室外北风酷烈,室内也会像生出了春天的枝芽。

黑色的茶：谁知刚猛劲直姿

"Black Tea"，在英文里是红茶的意思。不幸被"抢走"了名号的黑茶，后来只好无奈地被唤作"Dark Tea"。大概是最早给红茶起名字的外国人，没想到居然还能有比红茶更黑的茶了。

在中国的六大茶类中，黑茶是第三位诞生的，比红茶、青茶（乌龙）和白茶都要早。阅读茶书时，还有一次看到"黑老三"的叫法，顿时笑了出来，莫名觉得也挺贴切，符合其"人设"：味浓色酽、粗大豪放，不正像一位阳刚沉着的茶中"兄长"吗？

绿茶的上等原料是极细的茶芽，黑茶却一反其道，专选些一芽三四叶或一芽五六叶的粗老茶叶，且讲究越陈越香，锻炼出一身结实筋骨，经得起多次冲泡。

黑茶的发酵过程是六大茶类中最特殊的，发酵程度也是最彻底的。它属于在茶叶杀青后，利用外界的微生物发酵的"后发酵茶"，有一个"渥堆"的专属步骤——把茶叶的半成品堆放在一起，创造出湿热的环境，促进微生物发酵。这一过程可长达四十天，促使茶叶最终变成黑褐色，茶汤变得浓酽。

与红茶、乌龙一样，黑茶的出现也属偶然。唐代时已经有了"茶马互市"，但那只是民间的交易；到了宋代，宋王朝与西北少数民族之间会正式进行"赐茶"与"献马"的往来。频率增多后，"茶马互市"就成了朝廷政策——于边界设点，京城与少数民族定期进行茶马交易。

历史上，那些在云南、四川、湖北、湖南等地制作的茶叶，几经辗转运往西部，路途遥远，在船舱、马背上受潮后又干燥，化学成分发生了很大的改变，茶叶的颜色转成黑褐，品味起来却异香扑鼻，汤如琥珀，饮后倍感醇香，还能解腻去油。后来人们据此总结出了制作黑茶的方

普洱茶

有毛尖芽茶女兒之
號味淡香如荷新色
嫩綠可愛

法——鲜茶叶杀青揉捻后,堆积起来淋水,使其发酵,然后再干燥。为了储运方便,黑茶经常被加工成紧压茶(砖茶),直至今天也依然保持着这种形态,如茯砖茶、青砖茶、康砖茶以及普洱饼茶。

《明史·食货志》中说:"番人嗜乳酪,不得茶,则困以病,故唐、宋以来,行以茶易马之法,用制羌、戎。"对于居住在西部地区、主食牛羊肉和奶酪的游牧民族来说,黑茶广受欢迎,它可以起到蔬菜水果替代品的作用,在西部地区,甚至有"一日无茶则滞,三日无茶则痛"以及"宁可一日无粮,不可一日无茶"之说。

宋代有没有正式出现"渥堆"还有待考证,"黑茶"之名首次出现是在明代中期,见于嘉靖三年(1524)御史陈讲的奏疏中:"商茶低伪,悉征黑茶,地产有限,仍第为上中二品,印烙篦上,书商名而考之,每十斤蒸晒一篦,运至茶司,官商对分,官茶易马,商茶给卖。"隆庆五年(1571),又有规定称:"各商收买好茶,无分黑黄正附,一律送洮州(今甘肃临潭县)茶司,贮库中马。"崇祯十五年(1642),太仆卿王家彦的奏疏中也写道:"数年来茶篦减黄增黑,敝茗羸驴,约略充数。"这些都说明,到了明代，黑茶已是茶马互市的主要用茶，主要供边民饮用，因此它又被称作"边销茶"。

"霸蛮"千两茶

湖南是产黑茶的大省，而湖南黑茶始于安化。唐朝时，湖南安化所产的"渠江薄片"已远销湖北江陵、襄阳一带，五代毛文锡的《茶谱》中也记有"渠江薄片，一斤八十枚"，又说"谭邵之间有渠江，中有茶而多毒蛇猛兽……其色如铁，而芳香异常"。根据"其色如铁"这一描述，不少人就将其追溯为黑茶之源，认为这种茶色泽为黑褐色，是典型的上等黑茶。不过，这一点同样有待考证，因为从茶叶制作的发展历史来看，唐代的"渠江薄片"很有可能还是蒸青绿茶。

在后世的岁月中，随着茶马古道的贯通，黑茶逐渐成为边区牧民日常生活的必需品，安化黑茶也在中国西北地区大受欢迎。明清时期，安化黑茶最为兴盛，安化有茶行数百家，"茶市斯为最，人烟两岸稠"，茶商云集，络绎不绝。乾隆年间，安化黑茶甚至已占据了全国黑茶总量的十分之七。

我第一次品尝安化黑茶,喝的是其中最有代表性的"千两茶"。一颗小黑砖泡后,茶汤入口只觉温平醇厚,香气温柔馥郁,有一种令人安心的陈香。千两茶由百两茶发展而来,它们制作成型时的外形很是独特,并非切割后的砖形,而是长条成捆的圆柱状物。晚清时,安化黑茶在被茶商收购的过程中,被踩捆成包,为便于运输,当地人又把它踩捆成小圆柱形,称"百两茶",后来茶农又在百两茶的启示下,独创出了千两茶:先用篾条制成捆包的篾篓,再垫上棕片或箬笠叶,然后把割制的黑茶,刨去水分,称成千两(老秤约六十斤)。这种茶极其不易霉变,便于长途运输,吃的时候如锯圆木,需敲块煎煮,香醇滋味远胜散茶。

话说嘉庆十九年(1814)的冬天,北京的"消寒诗社"也进行过一次品饮安化黑茶"千两茶"的小型活动。这"消寒诗社"的成员个个来头不小,其中有中书舍人,还有翰林院的编修、内阁侍讲、侍御及六部官员。文人们相约聚在一起轮流做东,饮酒写诗,消磨无聊的冬日。这天,参加活动的诗社成员有七位:吴嵩梁、陈用光、谢阶树、胡承洪、钱仪吉、朱兰友和陶澍，地点是在陶澍的寓所。

陶澍是清代名臣，嘉庆五年（1800）中举，七年登进士第，入选翰林院庶吉士，十年授编修。他一生为官清廉、勤于政务，手不释卷，善于发现和举拔人才，其中就有林则徐、魏源、包世臣、左宗棠、龚自珍等后世学者与名臣。陶澍是湖南安化人，对家乡的茶叶感情极深，故这天雅集的主题是一场茶事，大家共同品饮安化千两茶。在座的几位，也是一群爱茶之人，但对安化茶的了解，谁也不可能比陶澍更深入。只听他以一首五言长诗，为大家介绍了安化黑茶的采制：

芙蓉插霞标，香炉渺云阙。自我来京华，久与此山别。尚忆茶始犁，时维六月。山民历悬崖，挥汗走罄蘼。培根阅冬初，摘叶及春发。冻雷一夜鸣，蓓蕾颖欲脱。是名雨前香，采之日一撮。未几渐蒙茸，卓立针抽铁。是名谷雨尖，香气弥勃勃。毛尖如鹤毳，挨尖类雀舌。黄茶号晚出，味厚亦非劣。方其摘取时，篮筐遍山岊。晨穿苦雾深，晚焙新火烈。茶成与商人，粗者留自啜。谁知盘中茶，多有肩上血。我本山中人，言之遂凄切。

这是一首真正的"山中人"才能写成的诗，"晨穿苦雾深，晚焙新火烈"，"谁知盘中茶，多有肩上血"，诗里有对家乡山中茶人制茶辛劳的感慨，也蕴含了对家乡茗茶的深深眷恋。

在陶澍的其他茶诗中，我们也能看到他对安化黑茶的深情吟咏。"茶品喜轻新，安茶独严冷。古光郁深黑，入口殊生梗。"陶澍说，一般的人都会喜欢新鲜且入口滋味清浅的茶，安化黑茶的特点却是"严冷"的，偏以一副铸铁面孔示人——乌褐间浮着霜色，甚至茶叶中还能见到罕见的茶梗。

"有如汲黯戆，大似宽饶猛。"汲黯、宽饶都是汉代著名的直谏之臣。一直以来，茶在诗文中的拟人形象，不是"佳人"就是"君子"，总归是与"雅"挂钩的。陶澍却说，安化的黑茶，就像是汲黯、宽饶这样刚介耿直的汉子，既"戆"且"猛"，独具一身湖南的霸蛮之气。

"岂知劲直姿，其功罕与等。"这般有劲道、拥有直挺挺姿态的茶,系着西北牧民的生计,其"功勋"又岂是凡茶可及?

文人咏茶,从来都不只是在咏茶。陶澍同样也是在以安化千两茶的秉性借物抒怀,借诗歌表达自己的人生理想。其时,臃肿的大清帝国已在浮华中渐渐露出了颓靡,内忧外患的阴影初露端倪。"气能盐卤澄,力足回邪屏。"陶澍于此说的既是安化黑茶预防病邪的功效,也是他希望以耿介之臣的身份扭转乾坤、治国安邦的政治心愿。国家在这个时候,需要的不正是像汲黯与宽饶这样的人吗?

从茶马古道到陶澍茶诗,安化千两茶黑沉油亮的茶汤中,激荡着的,总有些山河国运的滋味。

独有普洱号刚坚

与湖南安化黑茶相比,作为云南黑茶的普洱茶显然要更为出名一些。据史料记载,普洱茶也是因明朝产于普洱(原普耳)而得名的地方特种茶类,它属于原始大森林中的云南大叶种茶,经渥堆发酵干燥后,色泽乌润,茶味特别浓厚,自清代设普洱府后得以名扬天下。清学者阮福在

《普洱茶记》中开篇便说:"普洱茶名遍天下,味最酽,京师尤重之。"

除了茶味厚重以外,清代学者编著的《本草纲目拾遗》"木部"对普洱茶的功效还如此形容:

(普洱茶)出云南普洱府,成团,有大中小三等……

大者一团五斤,如人头式,名人头茶,每年入贡,民间不易得也……普洱茶膏黑如漆,醒酒第一。绿色者更佳,消食化痰,清胃生津,功力尤大也。

在清代,普洱茶一直是贡茶里的大宗,因为清朝的皇族满族正是游牧民族,以肉食为主,故十分需要"味苦性刻"、消化功效大的黑茶来消食。

雍正七年(1729),云南岁贡普洱茶之制自此肇始。鄂尔泰总督在思茅设立官办的茶叶总店,变相推行茶叶统购专卖政策,不许私自买卖,以独享其利,同时推行岁进上用茶芽制,选取最好的普洱茶进贡北京,以博皇上欢心。这一年八月初六,云南向朝廷进贡的茶叶就包括大普茶二箱、中普茶二箱、小普茶二箱、普洱茶二箱、芽茶二箱、茶膏二箱、雨前普茶二匣。从五年后即雍正十二年(1734)的记录上看,云南普洱茶的进贡数量又增加了不少。

乾隆皇帝一生嗜茶如命,他同样也是一位普洱茶的爱好者。他曾写过一首长诗《烹雪用前韵》,文中有句"独有普洱号刚坚,清标未足夸雀舌。点成一椀金茎露,品泉陆羽应惭拙"。与陶澍选用"戆""猛"来形容安化千两茶类似,乾隆也极力赞扬了普洱茶独特的茶性"坚硬刚强"。

乾隆之子嘉庆帝更是用实际行动证明了对普洱茶的喜爱。根据《清代贡茶研究》所记,"嘉庆二十五年二月初一日起至七月二十五日止,仁宗睿皇帝每日用普洱茶三两,一月用五斤十二两。……七月十五日起至道光元年正月三十日,万岁爷每日用普洱茶四两,一月用七斤八两……"嘉庆皇帝晚年居然每天都要喝掉三四两普洱茶——这个耗茶量已经相当之大了。

"黑如漆"、最具"醒酒"之功的普洱茶膏还是珍贵的清朝国礼,曾被赠送给包括越南、缅甸、老挝、英国在内的一些国家。普洱茶膏的工艺体系非常复杂,它是在宋代茶膏制作的基础上独创的清代宫廷茶膏工艺,需要一百八十六道工序,耗时七十二天,才能完成一次茶膏制作。制作成茶膏的普洱茶保质期可延长几十年甚至上百年。鲁迅先生曾私藏普洱茶膏作为文房清供,而清廷赠予英国皇室的那批普洱茶膏,或因不解其饮法,或因视若东方奇珍,据说现在仍被珍藏在大英博物馆内。

上有所好,下必效焉。宫闱一盏普洱香,朱门绣户便生出茶韵万千。是以《红楼梦》中,"贾府"也很讲究喝普洱茶,看重它解腻、消食的功效。比如第六十三回"寿怡红群芳开夜宴",林之孝家的查夜到怡红院,书中描绘道:

> ……宝玉忙笑道:"妈妈说得是……今儿因吃了面,怕停住食,所以多顽一会子。"林之孝家的又向袭人等笑说:"该沏些个普洱茶吃。"袭人晴雯二人忙笑说:"沏了一盅子女儿茶,已经吃过两碗了。大娘也尝一碗,都是现成的。"

因宝玉过生日,众人欢聚宴饮,又吃了寿面,所以管家娘子林之孝家的建议丫鬟"闷些普洱茶",以消食解腻。袭人、晴雯所说的"女儿茶"又是什么茶?关于"女儿茶",学界曾有过一些争议,有人说它是山东的一种炒青绿茶"泰山女儿茶";有人说这里的"女儿茶"并非茶类,而是一种茶的替代饮品。其实,结合上文就会发现,袭、晴二人笑着接下了林之孝的话,所以她们说的女儿茶也是一种普洱茶。

清代张泓《滇南新语》(写于1755年前后)有记载:"普洱茶珍品,则有毛尖、芽茶、女儿之号……味淡香如荷,新色嫩绿可爱……女儿茶亦芽茶类,取于谷雨后,以一斤到十斤为一团。"阮福的《普洱茶记》(写于1825年前后)中对"女儿茶"也有记述:"小而团者,名女儿茶;女儿茶为妇女所采,于雨前得之,即四两重团茶也……"每年谷雨前,"女儿茶"都由未婚的少女采摘,得到的工钱作为嫁妆之用,故名"女儿茶"。

少女在迷雾春寒中采茶的美好画面,符合了很多文人艳丽的想象,也完完全全是贾宝玉和怡红院的审美。从这两份相距七十年的资料中,我们还可以看到,普洱"女儿茶"从"一斤到十斤"圆而重的大团茶,发展至"四两重"小巧玲珑的小团茶，整体又精致了不少。

慈禧太后喜欢喝普洱，清朝末代皇帝爱新觉罗·溥仪与作家老舍先生同是满族人，一次，老舍问溥仪当皇上时喝什么茶，溥仪答曰："清宫生活习惯，夏喝龙井，冬喝普洱。"

清末动荡，贡茶车马凋零于西风古道，普洱也从庙堂坠入市井，隐入百姓的粗陶壶中。冬日尤宜饮茶——沸水高冲，茶汤似融化的墨玉。饮之，像被一双布满黑皱却温热的大手捂住心口，摩挲着、熨帖着你，用它刚柔并济的筋骨与独有的智慧，化解饮茶人腹内与心中的郁结。

茗香氤氲盏壶间：
话说唐宗茶器

不知是谁重燃了熄于工业时代的炉火，"围炉煮茶"悄然漫卷于市井，掀起青年人的古意风潮。窗外碎琼乱玉，室内却笑语氤氲：一炉一水，几只杯盏，三两好友围炉夜话，一起"轻煮岁月慢煮茶"，感受古人的冬日风雅。饮茶本是烟火事，偏生出三分古意，才觉得对得住草木精魂。器为骨，火为魂，正如明代的许次纾在《茶疏》中说的"茶滋于水，水藉乎器，汤成于火。四者相须，缺一则废"。

有时也会刷到茶友吐槽自己"买了太多茶具"的帖

子，总忍不住会心一笑。"工欲善其事，必先利其器"，只要是自己喜欢的茶具，就可以是一柄劈开沉闷生活的利剑，令人在热意蒸腾、细细赏玩中悦目润心。凡事也往往会经历一个由简至繁，最后化繁于简的过程：虽然摆满一屋子的"宝器"，最后发现，惯常用的仍不过一杯一壶。围炉茶叙固然好，终是热闹点缀，日常一人独坐的剪影里，自斟也得趣。

急须中有唐风雅

茶具最晚于汉代已出现，但很长一段时间里，它都与食器、酒器混在一起，并没有真正独立出来。开始将茶具系统化、引领茶具变革的，还是"茶圣"陆羽。

陆羽在《茶经·四之器》里梳理归总了饮茶器具，详述了整套饮茶用具，其中包含有风炉（生火之用）、筥（采茶之用）、炭挝（碎炭之用）、火夹（夹炭之用）、鍑（煮茶之用）、交床（置放茶鍑之用）、纸囊（茶饼炙热后储存之用）、碾和拂末（碾茶和拂茶之用）、罗合（筛茶和贮茶之用）、则（量茶之用）、水方（存生水之用）、漉水囊（过滤茶水之用）、瓢（舀水之用）、竹夹（搅拌之用）、熟盂（存热水之用）、鹾簋和揭（贮盐和放盐之用，唐代煮茶喜放盐）、碗（饮茶之用）、札（调汤之用）、涤方（盛洗涤废水）、滓方（盛茶渣）、巾（擦拭茶具之用）、畚、具列和都篮（这三个系置放茶碗之用）。

一整套用具看下来，不由得发出"真把人琐碎死了"的感叹。不过话又说回来，即使现代人饮茶的用具与流程简化了许多，真喝起茶来，杂七杂八的器具也不见得就会少多少。再看看自己的厨房，烹饪工具、烘焙工具……实行"极繁主义"的，岂止是茶具而已？

说起陆羽，"茶圣"的各种小故事也总是在茶之江湖流传：他本是孤儿，被遗弃于湖北竟陵西门外西湖畔，由当地龙盖寺住持智积禅师抚养长大。因饮茶能使人保持清明的状态，很适合需要长时间打坐、清心净灵的僧人，所以唐代的饮茶风气最早在寺庙流行开来。寺庙的僧人里，又出现了陆羽这个特别会煮茶的小沙弥。日积月累，师父智积已养成了非陆羽煮的茶不饮的"恶习"。唐代宗听闻此事，就把智积召入宫中，令宫内的煮茶能手奉上名茶，智积浅尝一口后，便住口不饮。皇帝又秘召陆羽进宫煮茶，这次，智积一饮而尽，赞道："这真像陆羽煮的茶啊！"还有的版本说，智积和尚饮毕喜形于色，直接问道："渐儿（陆羽字鸿渐）何在？"这个故事被收录在北宋《洛中纪异录》一书中。据此，宋人董彦远将初唐著名画家阎立本的《萧翼赚兰亭图》考证为《陆羽点茶图》。

董彦远的结论有过于武断之嫌，但不论此画描绘的究竟是"御史萧翼从僧人辩才处骗取《兰亭序》献给唐太宗"，还是"陆羽点茶"，抑或仅仅就是唐代的"商会之景"，《萧翼赚兰亭图》都是一幅画中名品，它也通常被视作是最早的描绘茶事的绘画，能令人一窥唐代茶事与茶具的风貌。

《萧翼赚兰亭图》（台北故宫博物院所藏宋代摹本）的左下方，一位年长一些的司茶者左手持一长柄茶铫置于风炉上，右手持一双竹夹正在搅拌茶末；右边年轻的侍者弯腰手端黑漆茶托，上置白瓷茶碗，一旁的竹制矮几上还放着茶碾轴和朱漆茶粉罐。

画中的竹制矮几，正是陆羽在《茶经·四之器》中提到的"具列"："具列，或作床，或作架。或纯木、纯竹而制之，或木，或竹……悉敛诸器物，悉以陈列也。"在唐代诗人的古诗中也被称作"茶床",和我们如今用的大茶盘也挺像的。

煎茶所用的也是陆羽推介的风炉:三足两耳,"以铜铁铸之",类似古鼎但又比古鼎更小巧,唐代诗人皮日休与陆龟蒙都专作过诗《茶鼎》大加称赞风炉。风炉上放的是煎茶用具"铫子",茶铫敞口无盖,煎煮搅拌好后,可通过一旁的流嘴倒入茶盏中,很是方便。

至于陆羽在《茶经》中提到的"鍑",这种"方耳阔边平口"的大口锅,在另一幅唐画《宫乐图》中可见其真容:一群宫廷妇女聚集在豪华的长案周围,案上正中间摆着的这个很大的器皿就是茶鍑,一位妇女正用长勺从中舀出茶汤。画中女性姿态从容,饮茶的同时还在演奏各种乐器,看起来颇为放松。在《茶经》之前,"鍑"这个字并不常用,陆羽却独具匠心地拎出了这个字,由此可见其决意将茶器从食器、酒器中独立分离出来的用心。

鍑的容量通常在四至五升,《宫乐图》中的鍑看起来体积更大,想来是因为参与茶事的人数过多。2015年在河南省巩义市唐张氏墓出土了一尊栩栩如生的唐三彩"茶神陆羽塑像",此坐俑高约十一厘米,正注视着面前的鍑与风炉。

巩义会出土这种"陆羽茶宠"并不奇怪，此墓主人的等级也并不高，史书中有记录，"巩县陶者，多为瓷偶人，号陆鸿渐。买数十茶器，得一鸿渐"。在陆羽成为"茶圣"之后，后世的茶器工匠们喜欢将陆羽形象制作成偶人进行促销，顾客买十件茶器，就能得到一个"陆羽"的"手办"，也许对一些喜欢收藏小玩意儿的古人来说，还是有一定诱惑力的吧。

唐人喝茶，用的是团饼茶，所以需要先炙烤茶饼，然后用碾子把茶饼碾碎，筛出细末后，再和其他"作料"一起放在鍑或铫子等容器中煎制。陆羽对当时煎茶时流行的放葱、姜、枣、橘皮、茱萸、薄荷这些作料的做法很不以为然，认为这般花哨完全丢失了茶的本味，他最多能接受的就是放些盐。

鍑与铫子用于煎茶时，也存在不足：无盖恐不利于卫生，也容易散失热量和茶的香气。仔细观察铫子，我们会发现与它相似的、一侧有横直柄的"侧把壶"在今日依然很流行，而且十分好拿，不易烫手。在唐代的茶器中，与铫子类似的还有"急须"，同样是短流而一侧有横直柄，于唐代时已出现于南方,历史上东渡传入日本后,又为日本茶人所喜爱,乃至逐渐成为日本茶道中的程式化造型。

忽然想起,很早之前也有过心念一动,为了追求"日式"茶道风味,买回了一把价格高昂、由日本匠人手工制作的"急须壶"——但在这壶的背后,需要念及的还有千年前属于大唐的风雅。

在唐代,北方邢窑白瓷的声誉很高,引领一时风尚,也是各阶层能普遍使用的茶器,唐李肇《国史补》中提及它时说"天下无贵贱通用之",《萧翼赚兰亭图》中人物使用的恰好就是白瓷茶碗。但陆羽显然更青睐的是南方的越州(今宁波、绍兴一带)青瓷,他认为"青则益茶",还将两者做了详细的对比:"若邢瓷类银,越瓷类玉,邢不如越一也;若邢瓷类雪,则越瓷类冰,邢不如越二也;邢瓷白而茶色丹,越瓷青而茶色绿,邢不如越三也。"这是陆羽完全从个人审美的角度,仅从瓷色和茶汤的关系出发,抒发了自己对越州青瓷的偏爱,全然不论胎色、釉质、制作工艺等等,这不能说不是一种"偏见"了。

唐代饮茶器具,民间多以陶瓷为主,皇室贵族家庭则多用金属茶具、稀有的秘色瓷和琉璃茶具。1987年陕西扶风法门寺地宫出土的一套晚唐皇家茶器,以其昂贵的材质、奢华的装饰和精妙的工艺,生动印证了当时宫廷饮茶风尚的盛行与极度奢靡。

以这套茶具中的"鎏金鸿雁纹银茶碾子"为例,它由二十九两纹银打造而成,中间深、两头浅,似一尖底小船,甚至还有先进的"防尘盖"的设计,碾轮有细密的齿状浅沟,能快捷地碾碎茶饼,整体设计流畅而独特。这种茶具中的"顶级奢侈品",不知若看在陆羽眼里,"茶圣"本人是会欣赏呢,还是会感叹一声朴素茶风不再?——要知道,百年后到了宋徽宗时期,赵佶还在孜孜不倦地大力提倡"茶碾以银或铁为之""碾以银为上",还在他的《大观茶论》中绞尽脑汁地设计这晚唐宫廷早就使用上的茶碾。

只不过,当历史发展至中晚唐,大唐盛世昔日奋发昂扬的美学追求已不复存在,纹饰流动、具备阴柔之美的艺术品格占了上风,法门寺地宫出土的这套茶具也正是这种美学风格的体现。或许在一些后人眼中,它们也是大唐"无可奈何花落去"政治挽歌的注脚之一了。

煎茶点茶寻古意

前文提到，鍑与铫子的不足之处是无盖，当然这与唐代流行的煎茶也是分不开的，煎茶时需要持续地观察初沸、二沸、三沸，在不同时机投入水、茶末和作料，无盖的煎茶器就显得方便很多。

到了宋代，茶的品饮文化进入了鼎盛时期，饮茶在普通百姓阶层也充分而广泛地流行起来，正如孟元老《东京梦华录》称："……以南东西两教坊，余皆居民或茶坊，街心市井，至夜犹盛。"

宋代仍旧以团饼茶为主，这点沿袭了唐代，宋朝官廷中的"龙凤团茶"制造技艺更是登峰造极。对于一些茶中佳品（如日铸茶等有名的散茶），宋人会先将其研成茶末，再用开水冲注，此谓"点茶法"，这就和唐代把茶一并投入鍑中的"煎茶"有所不同了。

"点"为"滴注"之意，宋人将茶末置于茶盏中，再用茶瓶往茶盏中注入沸水，经过充分搅拌，使茶、水融合，呈现乳状，待满茶碗都是细密的白色泡沫时，便可慢慢品啜了。传为宋徽宗所画的《文会图》中,就描绘了一个盛大的文人聚会场面,画的前景是一个点茶的场面:正中央的桌面上放着一叠黑漆茶托,兼有几只白瓷茶盏,一侍儿左手托盏,右手正从茶粉罐中舀取茶粉;桌子的左边放着燎炉,炉中置有两个汤瓶正在烧水;还有一人独坐,似在品鉴检验茶味。

南宋画家刘松年的传世茶画《撵茶图》也很细致地描绘了宋人点茶的流程:磨茶、煮水、调膏、冲点,观之可细赏唐宋茶风之异。画的左下角,一人正跨坐在凳上推磨磨茶。为了达到那种搅拌后"乳雾汹涌,溢盏而起"的效果,宋人对茶末之"细"的追求,势必要更上一层楼,粉状为宜。陆羽在《茶经》中只提到了茶碾,南宋审安老人的《茶具图赞》中则出现了"金法曹"与"石转运",碾与磨并存了。在磨茶之人的后方,有一筒状风炉,炉上正在烧水。风炉后面有一方桌,桌旁立一人,手持汤瓶正在点茶,左手边的桌角处放有一搅拌用具"茶筅",显然下一步就要用这个"筅副师"击拂茶汤进行"拉花"了。

一次优质的点茶,击拂产生的泡沫汤花会紧紧贴着盏沿,也叫作"咬盏"。如今在一些讲述宋代故事的影视剧里，偶尔还会有"斗茶"这个情节，令我们这些现代观众感到新鲜、有趣。宋人饮茶，喜欢聚在一起比较谁的茶汤茶花出现得更快、更多，谁的颜色更洁白，谁"咬盏"的效果更好，谁的汤花散得更慢。"茗战"之风不仅流行于市井，也为宫廷和文人雅士所好。这也是茶饮文化发展至宋代，开始全民化、趣味化、游戏化的表现之一。在刘松年的《斗茶图》和《茗园赌市图》中，我们都可以一窥宋人斗茶的风貌。比如《斗茶图》中四个人挑着茶担，正在树荫下专心地进行点茶比赛，人物的情态可谓栩栩如生。此画妙趣的地方是这几人还带着雨伞，说明是雨水天气，却仍不嫌麻烦地跑到野外斗茶，对茶的热爱可见一斑。

"茗战"中，除了用好茶、提升点茶的技艺以外，还有什么是决胜的秘诀呢？在器具的选择上，这也是有讲究的。

茶色既然要越白越好，那么茶盏的颜色自然以黑色为佳。宋代建窑（位于今福建南平市建阳区）首创的兔毫盏最适合在点茶比赛中使用。它除了釉色"绀黑"、上宽下窄的形状容易容纳更多的汤花以外，坯质厚而保温，这一特点也帮助点茶者实现"汤花不散"的效果。兔毫盏出现后，一时间身价百倍，成为斗茶者梦寐以求的"法宝"，它同样受到了皇室的青睐，不但御前赐茶一律用兔毫盏，还下旨令建州进贡。

自从明代皇室"改团为散"以来，冲泡散茶的方式成为主流，一直延续到了今天。"点茶"是颇具古意的行为了。如今在我们以冲泡"散茶"为主的现代人的眼里，宋代兔毫盏无疑在"显现茶色"方面有了弱点。其实宋代的文人中，也有一些喜欢复古，崇尚古意而效仿唐代"煎茶"而不热衷于"点茶"的人，他们通过"煎茶"的方式，仿佛在遥遥追忆着陆羽的身影。如今使用兔毫盏饮茶，即使不再点茶或斗茶，我们也仿佛能够通过器具，一下子联通了宋代茶友们的精神。

科技发展至今天，很多事情都改变了：山川阻隔不再是困难，人类已能够去月球和火星；十秒之内，AI 就可以完成一篇文章。但也有很多事物未曾改变：杯盏依旧是如此形状；水一百摄氏度沸腾；春日里，群山苏醒，茶树抽芽。